U0174396

万物丛书 HOW IT WORKS

探索奇妙科技

万物编辑部 编

机械工业出版社
CHINA MACHINE PRESS

在这个全新的时代，科技的发展可谓日新月异。移动电话变得越来越小，越来越便于携带，功能也越来越多；无人机应用在各个领域，帮助人们工作和改善生活；3D打印机不仅能打印物品，还能打印食物；色盲戴上眼镜就可以看到他们梦想的颜色；乘坐宇宙飞船可以上天，乘坐超级潜艇可以入海。科技正在从衣食住行的各个方面改变我们的生活。可是你知道它是怎样改变我们的生活的吗？打开本书，一起去探索神奇的科技背后的秘密！

图书在版编目（CIP）数据

探索奇妙科技 / 万物编辑部编. — 北京：机械工业出版社，2019.12（2024.6重印）
（万物丛书）
ISBN 978-7-111-64429-3

Ⅰ. ①探… Ⅱ. ①万… Ⅲ. ①科学技术 – 青少年读物 Ⅳ. ①N49

中国版本图书馆CIP数据核字（2019）第286646号

机械工业出版社（北京市百万庄大街22号 邮政编码100037）
策划编辑：黄丽梅　　责任编辑：黄丽梅
责任校对：孙丽萍　　责任印制：孙　炜
北京联兴盛业印刷股份有限公司印刷

2024年6月第1版第7次印刷
215mm × 275mm · 4印张 · 2插页 · 57千字
标准书号：ISBN 978-7-111-64429-3
定价：69.00元

电话服务
客服电话：010-88361066
010-88379833
010-68326294

网络服务
机　工　官　网：www. cmpbook. com
机　工　官　博：weibo. com/cmp1952
金　　书　　网：www. golden-book. com
机工教育服务网：www. cmpedu. com

目录

小装备和未来科技

工程技术应用

生活方式

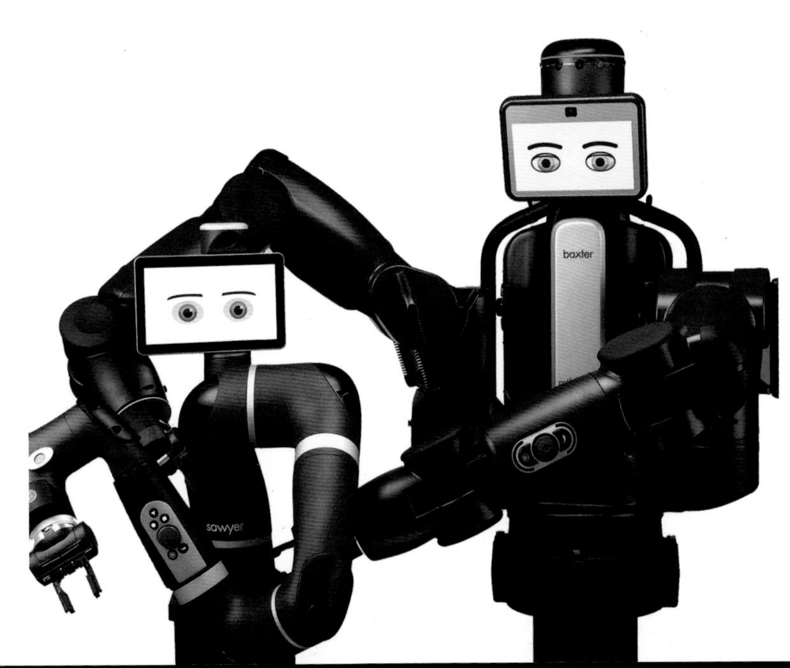

五个源自电影《星际迷航》的现实世界发明

——50 年前企业号星舰上的设备是如何启迪现代科技的?

侦测仪

由三录仪启发而成

在电影中，麦考伊博士的三录仪可以扫描病人的身体，并立即对医疗问题做出诊断。高通公司的三录仪 Xprize 竞赛致力于该设备在现实世界中的开发。其中一个参赛作品是 Scanadu Scout 侦测仪，它是一个小型扫描仪，可以测量你的心率、血压、核心体温和其他生命体征。只需将侦测仪放在前额十秒钟，就可以显示出你的健康状况，并通过附带的应用程序在手机上提醒你应该注意的问题。

侦测仪可以彻底改变医疗保健行业。

3D 打印机

由复制器启发而成

“茶，格雷伯爵，要热的，”皮卡德舰长说道，复制器在几秒钟内就完成了饮品的制作。这些虚构的装置被用来在企业号星舰上制造食物和其他物体。

在现实生活中，3D 打印机能使用不同的材料“墨水”来制造各种各样的产品，从衣服到航天器部件。这项技术的一个新兴应用领域是用来制作 3D 打印食品，食客就是这样一款 3D 打印机，只需按一下按钮，它就能生产出意大利饺子、汉堡包、饼干等食物。

移动电话

由通信器启发而成

电影《星际迷航》中对现实世界影响最大的技术就是通信器。星际舰队的成员使用这些设备彼此联系，并在遇到麻烦时发送紧急信号。

1973 年马丁 · 库珀在摩托罗拉公司工作时，开发出了第一部个人移动电话，后来他承认柯克船长的通信器给他的发明带来了灵感，电影《星际迷航》中的通信器有时会被描绘成腕上装置，甚至可以像徽章一样佩戴在身上，类似于现实生活中的可穿戴设备。就像苹果手表和 CommBadge（一种受《星际迷航》启发而开发出的通信用蓝牙配件）。

手持通信器与翻盖电话有着惊人的相似之处。

这些现实生活中的复制器能够打印形状极其复杂的食物。

Skype 实时语音翻译

由万能翻译器启发而成

当你贸然地前往以前没有去过的地方，翻译器有助于你理解当地人在说什么。星际舰队的工作人员都装备有万能翻译器来实时翻译外来语言。

微软开发了 Skype 实时语音翻译来打破地球上的语言障碍。这个程序将你的讲话与音频片段数据库进行比较，从而可编译一份文本，然后将此文本翻译成所需的语言，并通过自动语音读出。

Skype 实时语音翻译可以在通话时进行七种语言之间的转换。

平板电脑

由 PADD 启发而成

个人接入式显示设备（PADD）是星际舰队船员使用的手持电脑。这些设备的设计和触摸界面十分流畅，与现在的 iPad 等平板电脑惊人地相似。随着科技在计算机硬件小型化方面的进步，可将笔记本电脑硬件安装到便携的手持设备中，平板电脑应运而生。平板电脑的触摸屏设计可以让用户通过直观的手势执行命令，如手指合拢打开即可实现缩放。

通过使用触摸界面，电影里的道具 PADD 在现实中操作更简单，价格也更低廉。

宠物科技

这些小装备是如何与我们毛茸茸的宠物朋友们一起玩乐的？

大约 40% 的英国家庭拥有宠物，随着生活变得越来越忙碌，人们不可能总是像所希望的那样给予动物伙伴足够的关注。幸好我们有了新技术，可以时刻关注宠物们，确保它们独自在家也能得到娱乐。从自动发球器到 Wi-Fi 智能投食器，现在市面上有许多小装备帮助我们保持宠物的快乐和健康。

不断增长的宠物科技市场是“物联网”的一个例子，即开发具有网络连接功能的日常用品。通过 Wi-Fi 或移动网络接入互联网的小装备使主人能够通过智能手机轻松登录并与宠物互动。这样，即使你在办公室里忙碌，也可以远程关注你的宠物，并给它一些食物！

Petzi

这款设备可以让人通过智能手机上的应用程序随时查看宠物。广角镜头提供了一个良好的视角，让你在工作单位只需启动软件即可看到毛茸茸的宠物。

GoBone

有一种装在轮子上的塑料骨头，它可以四处移动来鼓励你的狗与之玩耍。当小狗追逐、咀嚼时，它能提供精神和身体上的刺激，每次充电可工作长达 8 小时。

Gobone 能根据狗的年龄、体重和品种调整其活动水平。

PetChatz

这个互动系统可以连接到 Wi-Fi 网络，所以你可以通过配套的应用程序与你的宠物进行视频通话。墙上的装置也可以分发食物，地板上的一个特殊的爪子按钮甚至能让你的宠物呼叫你！

PetChatz 让你即使在很远的地方也能看到家里的宠物。

Shru

这个蛋状的玩具可以陪伴你的猫保持一整天的活跃，它的设计看起来像猫科动物的猎物，会自动地滚来滚去，保持在猫的爪子周围。你还可以通过 USB 将 Shru 连接到计算机来修改它的动作模式。

Shru 模仿小啮齿类动物的动作甚至声音。

Whistle Activity Monitor

一款适合宠物的健身追踪器，帮助跟踪宠物，监控它们的活动水平和健康状况。把这个小碟片放在狗的项圈上，你就可以通过手机上的应用程序来监控它的日常活动。

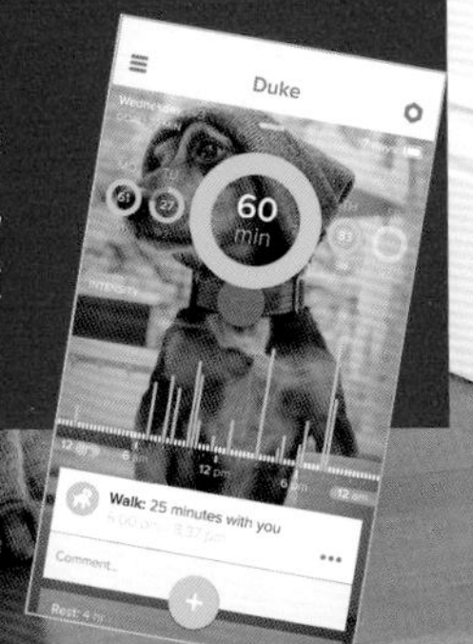

任天堂 Switch 游戏机内部

一起来看看任天堂新控制台的屏幕下方有什么。

任天堂最新的游戏机创造了一个全新的类别。Xbox One 和 PlayStation4 是只能在家里玩的游戏机，而任天堂 3DS 是一种移动游戏设备，但任天堂的 Switch 游戏机能提供户外和室内两种环境最好的游戏体验。这个令人印象深刻的小玩意儿里面有一个强大的芯片，这意味着它可以玩画面很棒的游戏，同时触摸屏和小尺寸让它特别便于携带和使用。

不仅如此，它还是一款为多人设计的游戏机。控制板和操纵手柄（夹在 Switch 游戏机屏幕的两侧）能一起使用，既可以一个人玩单人游戏，也可以把一个手柄交给朋友，一起玩多人游戏，无需购买第二个控制器。

Switch 游戏机的控制器非常智能。通过倾斜、摆动和摇晃运动探测器，你可以玩不同的游戏。他们还配备了一些非常灵敏的振动电动机，根据玩的游戏不同，这些电动机以不同的方式振动控制器。任天堂声称，这种触觉反馈是相当精准的，它甚至可以模拟冰块落入玻璃杯的感觉！

当你回到家，只需将控制台插入其基座，几秒钟内就可以在家里的电视上以漂亮的高清分辨率播放。打开 Switch 游戏机玩上几把，这真是任天堂给人带来的最好体验。

任天堂 Switch 游戏机拆解

任天堂创新的混合游戏机控制台内部

热管
这根金属管位于电路板和控制台后壳之间。这种金属导热性好，可快速散热以防止 Switch 游戏机内部过热。

电池
Switch 游戏机有一个 16Wh 的电池为其供电。这意味着你可以在充电前玩 2.5~6 小时，具体时长取决于游戏。

风扇
玩游戏的时候芯片会变得很热，风扇有助于保持游戏机的冷却，热空气可以从顶部排出。

游戏卡读取器
游戏机的游戏来自于有点像 SD 卡的小卡片。这个插槽是小卡片与游戏机的接口。

存储卡板
这个 microSD 卡槽通常隐藏在手柄的支架下，可以使用额外的存储卡扩展 Switch 游戏机的存储空间。

可以用各种方式控制任天堂 Switch 游戏机，包括卸下操纵手柄和在 Switch 游戏机的便携式屏幕上播放。

你知道吗？ Switch 游戏机的接口内部并没有很多的电路——只是将游戏机连接到电视和一些 USB 端口的一种方式。

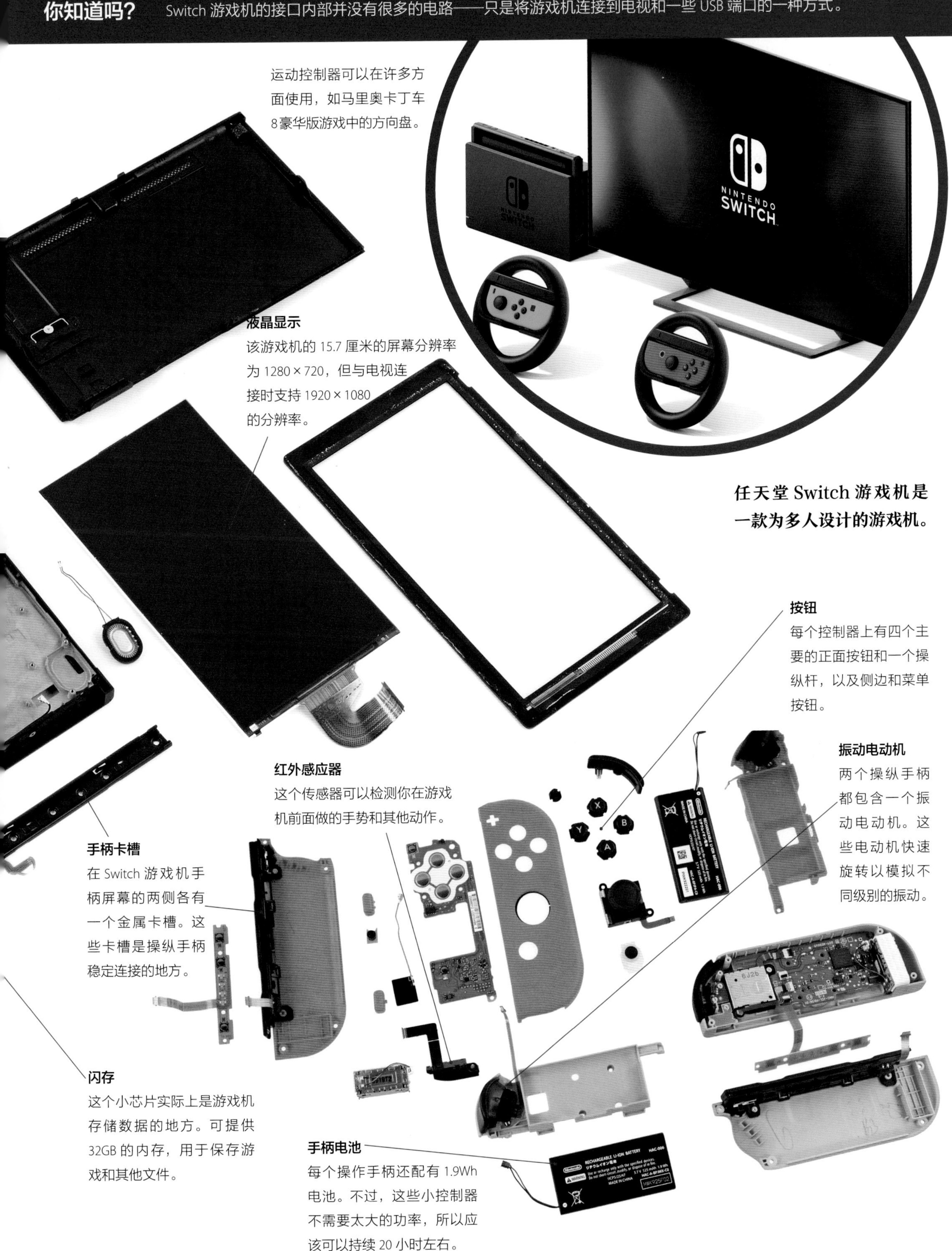

运动控制器可以在许多方面使用，如马里奥卡丁车8豪华版游戏中的方向盘。

液晶显示

该游戏机的 15.7 厘米的屏幕分辨率为 1280×720，但与电视连接时支持 1920×1080 的分辨率。

任天堂 Switch 游戏机是一款为多人设计的游戏机。

按钮

每个控制器上有四个主要的正面按钮和一个操纵杆，以及侧边和菜单按钮。

振动电动机

两个操纵手柄都包含一个振动电动机。这些电动机快速旋转以模拟不同级别的振动。

红外感应器

这个传感器可以检测你在游戏机前面做的手势和其他动作。

手柄卡槽

在 Switch 游戏机手柄屏幕的两侧各有一个金属卡槽。这些卡槽是操纵手柄稳定连接的地方。

闪存

这个小芯片实际上是游戏机存储数据的地方。可提供 32GB 的内存，用于保存游戏和其他文件。

手柄电池

每个操作手柄还配有 1.9Wh 电池。不过，这些小控制器不需要太大的功率，所以应该可以持续 20 小时左右。

没有音爆的超声速

美国国家航空航天局已经公布了比协和客机更安静的继任者的计划。

为了在三个半小时内从伦敦抵达纽约，协和飞机以超过每小时 2180 公里的速度巡航，这个速度是声速的两倍。以这个速度的一半，就会突破音障，产生两倍声速的巨大轰鸣声，可以在数公里内听得到。

这令人难以想象的巨大噪声导致在世界范围内禁止大陆之间的超声速飞行，从而限制了协和客机可以飞行的路线。协和客机的能效比也相当地不经济，因为它光在跑道滑行阶段就要消耗掉 2% 的燃油。这些因素导致了协和客机的衰败，最终于 2003 年退役。

现在，美国国家航空航天局希望通过更环保、更安全、更安静的飞行使超声速航空旅行得到恢复。为了实现这一目标，该研究机构已经宣布计划开发一种“低轰鸣声”的飞机，这种飞机在打破音障时会发出柔和的撞击声，而不是破坏性的巨大轰鸣声。

洛克希德·马丁公司承接了设计下一代超声速飞机 QueSST X 的任务，美国国家航空航天局希望原型机能在 2020 年首飞。为了帮助建造下一代超声速喷气式飞机，美国国家航空航天局一直忙于研究音爆。最近他们正在测试一个空气数据探针，可能有一天会被用来测量超声速飞机产生的冲击波，提供有助于改进设计的信息。

什么是音爆?

当飞机飞行时，它压缩前面的空气，产生压缩波，有点像船在移动时产生的波纹。这些波从飞机表面向四面八方以声速传播。当飞机本身达到声速时，与压缩波结合在一起形成冲击波，当冲击波传到人类的耳朵时，我们听到的是一声巨响。如果飞机的飞行速度比声速快，冲击波就会形成一个圆锥形，在飞机后面形成连续的音爆。

当飞机以超声速飞行时，温度和压力的下降形成“音爆云”。

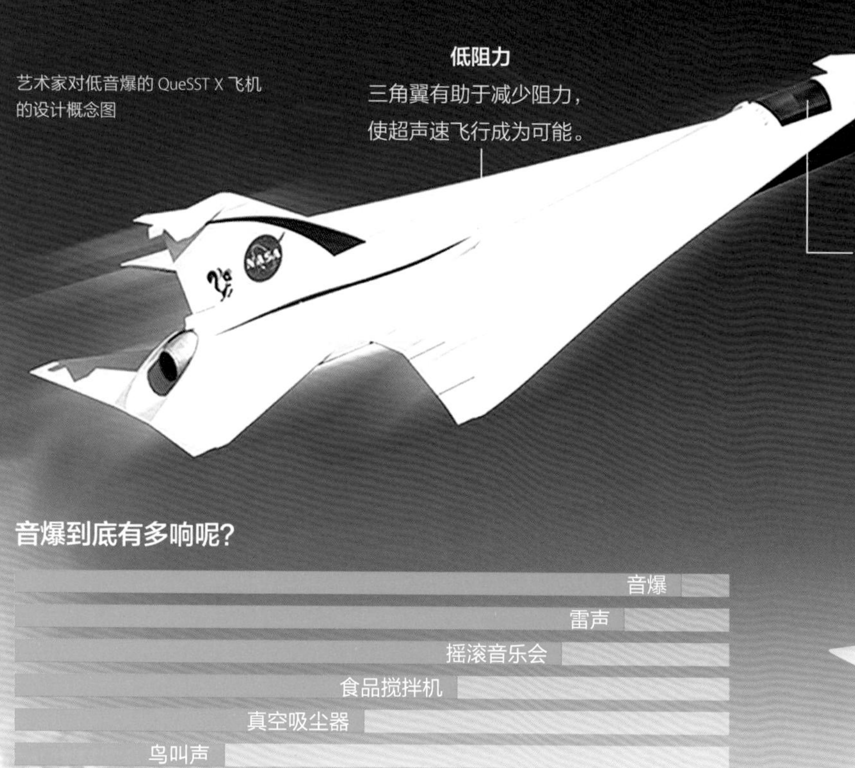

艺术家对低音爆的 QueSST X 飞机的设计概念图

音爆到底有多响呢?

声音
音爆
雷声
摇滚音乐会
食品搅拌机
真空吸尘器
鸟叫声
低语

分贝：10　30　50　70　90　110　130

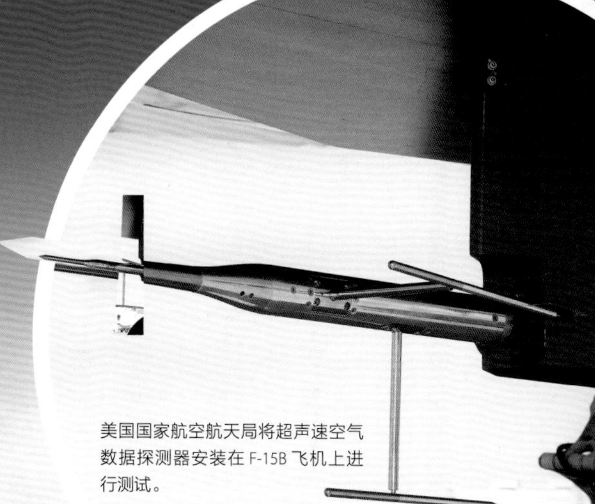

美国国家航空航天局将超声速空气数据探测器安装在 F-15B 飞机上进行测试。

戴森空气净化器

去除 99.95% 室内过敏原和污染物的空气净化器

我们都知道外面空气中潜伏着过敏原和污染物，但你知道家里的空气污染可能比户外要严重五倍吗?

由于我们通过关闭门窗以保持热量和阻挡噪声，潜在的有害颗粒常常被困在室内。这些室内空气污染物（包括烹饪和集中供暖产生的气体，以及霉菌、宠物毛发和花粉等）太小，肉眼难以看见。

戴森的机械工程师马特·凯利说:“当我们谈论空气中的物理污染物时，我们以 pm（颗粒物）数表示它们的平均大小。大多数净化器相当擅长捕获 pm2.5，这通常与健康危害有关。”

这是因为这些粒子的直径只有 2.5 微米（大约是人类头发直径的三十分之一），所以它们可以进入肺部。凯利说：“但是我们的戴森净化冷却系统关注的甚至是更小一级的尺寸，pm0.1，它是尺寸只有 0.1 微米的颗粒，小到可以进入你的血液。”

这些物理污染物被困在净化器的高密度玻璃过滤器的滤网内，但在滤网的后面还有第二个过滤器，用于吸收清洁溶剂、除臭剂和香味蜡烛释放出的有毒和强烈气味的挥发性有机化学品。这些过滤器一起将 99.95% 的污染物从空气中去除，处理后的空气再通过机器送回你的家中，它也可以作为一个风扇在夏天为室内降温。

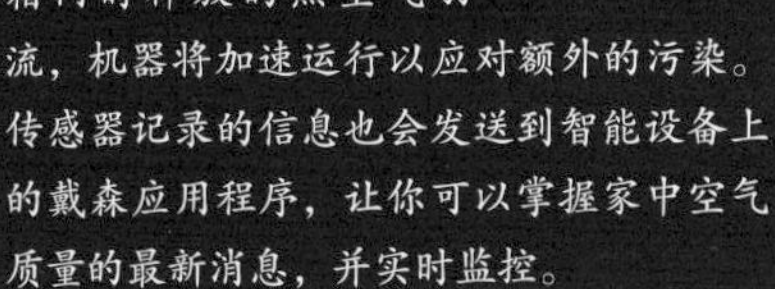

监控空气质量

位于戴森净化冷却系统底部的两个传感器会持续监测周围空气的质量。如果它们检测到特别高水平的污染物，例如打开烤箱门时释放的热空气羽流，机器将加速运行以应对额外的污染。传感器记录的信息也会发送到智能设备上的戴森应用程序，让你可以掌握家中空气质量的最新消息，并实时监控。

戴森手机应用程序可让你不论在室内还是在室外都可以监控空气质量。

戴森净化冷却系统的内部

这种智能机器是如何净化空气的?

玻璃纤维过滤器
将超过 1 平方米的玻璃纤维网折叠起来，放入一个 20 厘米宽的空间。

过滤罩
底座周围的穿孔护罩保护过滤器，有助于将气流导入机器。

混流式空气叶轮
内部风扇从底部吸入空气，迫使空气通过将气流分为两条路径的扩散器向上流动。

孔径
空气经过扩散器环路后，沿着内壁流动，从前面排出。

扩散器环路
这两条气流绕着中空内部流动，并通过小孔向外排出。

无刷电动机
驱动空气叶轮的电动机位于壳体内部，可减少振动和噪声。

碳过滤器
碳过滤器有一个表面积很大的碳颗粒过滤层，可以吸收挥发性有机化学物质，像海绵一样吸收它们。

加热元件
加热周围的空气，通过对流使其循环通过传感器。

光学传感器
当污染物颗粒阻挡发射器和接收器之间的光线时，该传感器会检测到污染物颗粒。

化学传感器
它可以检测周围空气中的挥发性有机化学物质。

HTC Vive 虚拟现实头盔的内部

近距离观察虚拟现实世界

如果没有将小巧设备装进便携式头盔中的技术，虚拟现实（VR）是不可能实现的。HTC Vive 是工程上的奇迹，它将 32 个传感器和一个前置摄像头一起封装在头盔中，两个控制器手柄中还各有 24 个传感器。

这些传感器与两个基站配对，以记录各种信息，包括你要移动到的位置、移动的速度以及你所面对的方向。基站是面向播放区域的小立方体。他们向该区域发射不可见的红外线，这些红外线被头盔上的传感器接收，实时检测 HTC Vive 头盔（和控制器）的位置。所有这些传感器结合起来，使你看到的图像更真实。

整个过程听起来非常简单，事实上 HTC Vive 还需要连接上一台功能强大的计算机，它可以处理来自所有传感器的数据，然后立即将视频图像发送到位于你眼前的两个镜片中。当你与周围的世界互动时，计算机每秒完成数百万次计算，并在你玩的游戏中给你即时反馈。

两个镜片的显示器提供 110 度的视野，每个显示器提供 1080×1200 的分辨率，比高清视频更清晰。这是一项令人难以置信的技术，你可以用它获得惊人的体验。

轻垫圈
这种橡胶形状的镜框可以滑动到两个镜片上，以阻止显示器的光线从侧面漏出并干扰你的视野。

镜片
镜片是凸面的，使图像看起来更自然，同心圆有助于聚焦。

瞳距系统
瞳距系统改变两个镜片之间的距离，使观看更舒适。

AMOLED 显示器
这两个显示器分别提供 1080 ×1200 的分辨率，使游戏的总分辨率达到 2160 ×1080。

HTC Vive 已经全面上市，感兴趣的用户都买得到。

游戏通常会在 3D 空间中模拟你的手，这样你就可以自然地与物体互动。

你知道吗？ HTC Vive 的图像帧率为 90 赫兹，较低的帧率会让游戏感觉不那么真实。

HTC Vive 拆解

虚拟现实头盔如何跟踪每一个微小的动作？

亲密性传感器

头盔内部的这个微型传感器可以检测到你什么时候把 HTC Vive 从头上取下来，然后它会自动关闭显示器。

头带

可调节的头带使 HTC Vive 安全地贴在你的脸上，并将头盔的电缆引到你的头上。

主板

该主板具有 18 种不同的芯片，头盔使用这些芯片将数据从传感器传输到计算机。

摄像机

摄像头位于 HTC Vive 的前端，将玩家附近物品的数据发送回计算机。

传感器

头盔中的 32 个传感器接收基站发出的红外线，精确计算出 HTC Vive 在 3D 空间中的位置。

眼部放松齿轮

你可以转动头盔侧面的这个齿轮，使镜片离你的眼睛更近或更远。

HTC Vive 的竞争对手

Oculus Rift 可能是 HTC Vive 最著名的竞争对手，它具有集成音频功能，配有 Xbox One 游戏控制器，并有自己的运动控制器。

三星 Gear 虚拟现实头盔可以将三星手机插入其中，为用户提供一种便宜但非常有效的虚拟现实体验。不过，这并不能与 HTC Vive 相比。

索尼进入虚拟现实市场的是 PlayStationVR，它与 PlayStation4 相连，比 HTC Vive 或 Oculus Rift 性价比更高，使其成为一个不错的选择。

戴森超声速吹风机有三个不同的喷嘴，它们通过磁力连接以便于调整。

戴森超声速吹风机

来自吸尘器公司出品的第一台吹风机，被设计得既安静又轻便。

戴森公司将其工程技术应用到吹风机上，出品了戴森超声速吹风机——一种新型的家用电子设备，它更轻便、更安静、更适合你的头发。该吹风机是由一个致力于研究头发科学的最先进实验室设计出来的。

戴森的机械工程师马特·凯利说：“当你的头发被加热到一定温度以上时，它会开始以一种无法逆转的方式改变它的结构。”这种情况发生在150摄氏度以上，但有些吹风机可以达到200摄氏度的区域，可是那里太热了。在这些极端的温度下，细孔可能会出现在头发上，导致光线从头发上反弹散开，使头发看起来很暗。为了保护头发的自然光泽，戴森超声速吹风机持续测量从喷嘴流出的空气温度，并将此信息反馈给微处理器。这就控制了热量的水平，使其永远不会超过某个限度。

传统吹风机的另一个主要问题是它们产生的噪声，所以戴森尽可能地使超声波静音。“这台机器的声音功率约为75分贝，大约是另一个性能相同的吹风机的四分之一。”凯利说。为了达到这个目的，戴森超声速吹风机使用了轴流式叶轮，可将空气吸入并沿轴再次将其推出风扇。这样可以减少空气的旋转运动，从而减少噪声。此外，通过在叶轮上增加两个叶片，工程师们能够将产生的声音减小到人类耳朵听不到的频率。

平衡
电动机位于手柄内，而不是头部，以更好地平衡重量分布。

数字电动机
电动机通过手柄和滚筒吸入空气，比其他吹风机的电动机快8倍。

安静
使用13个叶轮叶片，将产生的声音频率减小到人类可听见的范围之外。

轴流式叶轮
这个设计是为了使空气流动顺畅，使其向一个方向流动，从而减少湍流现象和噪声。

戴森的一个实验室花了数年时间研究关于护发的科学。

你知道吗？ 大多数吹风机都是在湿布上测试的，但戴森使用超过 1600 公里长的人类头发进行测试。

振奋人心的技术

戴森超声速吹风机的特点

冷却器

通过喷嘴的外壁吸入一层薄薄的空气，起到隔热作用，使其不会变得太热而无法处理。

空气倍增器技术

圆形设计将 3 倍多的空气吸入机器，形成高速射流，以快速干燥。

戴森公司开发这款产品的初衷是尽可能使超声速吹风机安静。

玻璃珠热敏电阻

输出气流的温度改变通过玻璃珠的电压，每秒测量 20 次。

双层加热元件

两排加热元件并排放置以提高功率，同时保持吹风机紧凑。

微处理器

热敏电阻将温度数据传送给微处理器，以防止加热元件过热。

电动机的魔力

大多数吹风机体积大，长时间使用不舒服的原因是因为电动机位于头部，使其非常重。为了解决这个问题，戴森制造了迄今为止最小、最轻的数字电动机 V9。V9 由一个超过 15 名电动机工程师组成的团队设计，它只有 27 毫米宽，每分钟旋转 11000 次，允许它吸入更多的空气以获得更强大的性能。

它的小尺寸意味着它可以安装在吹风机的手柄内，使重心更靠近你的手，以获得更平衡的握感。这也意味着戴森能够缩短装置的枪管，使你能把它靠近你的头部，减少手臂的压力。

詹姆斯·戴森将小型 V9 与传统尺寸的电动机进行了比较。

超级无人机

让我们来见识一下能探索外星世界、
揭开古代秘密以及帮助人类的机器人。

无人机可以有几十公里的航程，只要它们在控制器设定的航线内。

现在从空中开始挖掘吧！

印第安纳无人机将考古学推向一个新时代

考古学家们利用卫星图像来确定在特定地区的盗墓问题有多严重，这也使学者和政府对问题的规模有了更好的了解。曾经他们需要气球、风筝和飞机来获取数据，现在无人机使这个过程更快、成本更低，并保证了以前无法达到的图像质量。无人机可以手动驾驶，也可以通过编程设置一条路线对固定区域定期拍照，然后通过计算机软件将这些照片拼接在一起，可以绘制出一幅精准到令人惊讶的地形图。

这个过程被称为摄影测量，它正在改变考古学家的工作方式。这个详细的三维地图可以在屏幕上操作，让考古学家可以看到几厘米宽的微小细节，而不必亲自到遗址附近探索。结合卫星图像，科学家可以从这些照片中推断出大量数据。学者们可以更好地了解古代社会是如何组织起来的，甚至可以从天空中辨认出石刻。

当然，无人机只能给考古学家提供信息，一旦他们获得并分析了从无人机收集到的数据，他们仍将前往现场开始挖掘。使用无人机的好处是，他们可以在到达现场之前更准确地选择最佳的挖掘地点。

无人机不仅可以用于选择挖掘地点，它们还可以持续向考古学家提供信息，以帮助减少盗墓活动。在约旦等偏远地区，盗墓是很严重的问题，而且当地政府很难估计盗墓者造成的损失有多大。然而，无人机能够在几天内测量整个区域。这使得考古学家可以追踪景观的微小变化，哪怕被盗的面积大于 50000 平方米。然后通过多年来收集的数据对比，可以确定特定区域的盗墓问题有多严重，这让学者和政府可以更好地了解盗墓的规模。

摄影测量过程

用无人机、卫星拍摄的已挖掘过的地区图像

泥和岩石
看这张图像，这个遗址是一堆泥土和岩石，从地面上看，也是一样的。

从表面上看
从表面上能看到的结构，如村庄或寺庙，已经被挖掘出来了。

来自无人机
一个计算机程序将卫星和无人机拍摄的图像组合成高分辨率图像。

地形学
无人机从不同角度拍摄多张照片，使计算机可以建立该地区的三维图像。

合并
当这些图像被合并和研究时，就可以看到只有在空中才能看到的图案。

缩小范围
这些图像显示了早就倒塌的建筑物，并为考古学家提供了准确的数据，说明从哪里开始挖掘。

佩特拉的新发现

考古学家在约旦著名的佩特拉（Petra）的挖掘现场发现新的建筑，因为使用了无人机，学者们找到了以前隐藏的区域。2016年初，考古学家莎拉·帕克（Sarah Parcak）和克里斯托弗·塔特尔（Christopher Tuttle）将无人机和卫星拍摄的图像结合起来，辨认出古建筑的模糊痕迹，从而发现了位于古城中心南面 800 米处的一座巨大纪念碑。这座建筑大约有两个奥运会使用的游泳池那么大，但多年来一直未被发现。

佩特拉是一个巨大的考古奇迹，通过无人机拍摄的图像可以绘制出多年来的挖掘地点。

待命状态的无人机

无人机可以帮助我们拯救自然界。

由于使用无人机进行保护工作，白犀牛的数量近年来有所增加。

白犀牛由于极具破坏性的偷猎行为而处于濒危状态，山地大猩猩和婆罗洲猩猩也因森林砍伐和人类活动范围扩大而被列为濒危物种。如果不加干预，这些不可思议的生物在 20 世纪末就已灭绝。但是科学家和自然资源保护主义者通过使用无人机技术来阻止了这种可怕的恶化。

现代濒危动物面临的最大危险之一是偷猎，每年都有数百头白犀牛死亡。虽然护林员和定期巡逻有助于阻止偷猎者进入某些地区，但他们通常装备精良，甚至会射击那些保护犀牛的人。这就是无人机进入的原因——如果保护研究人员在这些地区工作，与偷猎者接触可能面临危险，他们的生命也可能受到威胁。通过让无人机收集数据、运动模式和动物数量，研究人员能够避免这些风险。

无人机不仅用于在危险区域收集信息，还可以被送到难以达到的区域上空收集数据。山地大猩猩和婆罗洲猩猩住在森林的顶端，在这种情况下，人力主导的调查虽然会取得更直观的结果，但进行一次这样的探险，费用时间、人力代价较大。

相反，研究人员可以在森林的树冠上布署无人机来捕捉动物栖息地的数据，甚至可能捕捉到高质量的猿类图像。这些信息对于徒步探险来说是非常有价值的，因为研究人员可以在动物移动的过程中获取动物位置的最新信息。在这种情况下，人力主导的调查可以获得更好的结果，而且无人机在保护人类安全的过程中可以发挥巨大作用。

目前的不利因素是成本，无人机的成本可能高达数千美元。然而即使如此，无人机技术仍然是对抗生物灭绝更可行的选择。

像世界自然基金会这样的组织正在世界各地使用无人机来获取有价值的数据。

反偷猎无人机

自然资源保护主义者正在利用空中的眼睛来阻止偷猎团伙。

指挥中心
移动指挥中心处理来自无人机的数据，并向执法部门发送各种重要信息。

飞行轨迹
无人机可以通过编程或手动控制按预定的飞行路线去捕捉图像和其他数据。

执法
厢式货车中的执法人员从无人机接收可疑偷猎者的坐标、细节和图像。

偷猎团伙
偷猎者可能会向自然资源保护主义者开枪，使他们处于危险之中，但空中的无人机是难对付的目标。

标记动物
戴上标签的动物有助于无人机将准确的位置数据传送到指挥中心。

你知道吗？ 研究表明，当熊看到无人机时，他们似乎会感到焦虑，引起心率增快。

反无人机技术

随着无人机越来越普遍，限制其运动比以往任何时候都更重要。

1 **无人机防御系统**
这种类似枪的装置使用无线电脉冲，通过中断无人机的通信，使其在 400 米半径内失效。

2 **无人机治理无人机**
是的，无人机可以用来捕获无人机。在这种情况下，一架大型无人机将较小的无人机收到挂网中。

3 **击落**
装备 50 毫米布须马斯特加农炮的机动武器车辆正在接受测试，以在可能威胁士兵的情况下击落无人机。

4 **智能报警**
专门设计的智能面板可以放置在一个区域周围，如果检测到无人机，该区域会通过电子邮件发送警报。

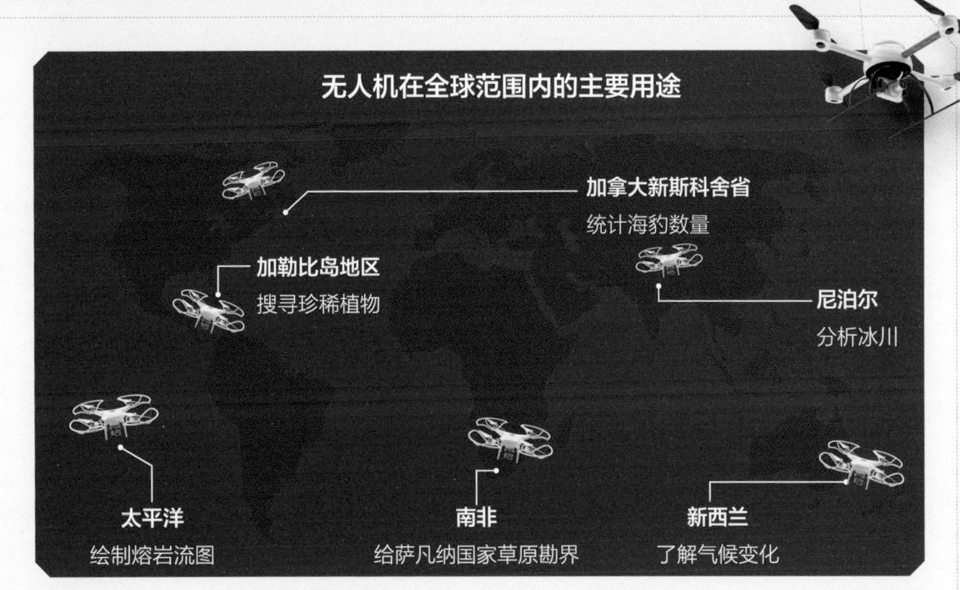

5 **放置机枪**
对于像白宫这样的著名建筑，设置固定的机枪有助于保护人们免受无人机攻击。

6 **聪明的狱警**
监狱现在正在实施反无人机技术，以防止囚犯从外面接收违禁品。

如果检测到无人机，智能面板可以通过电子邮件发送警报。

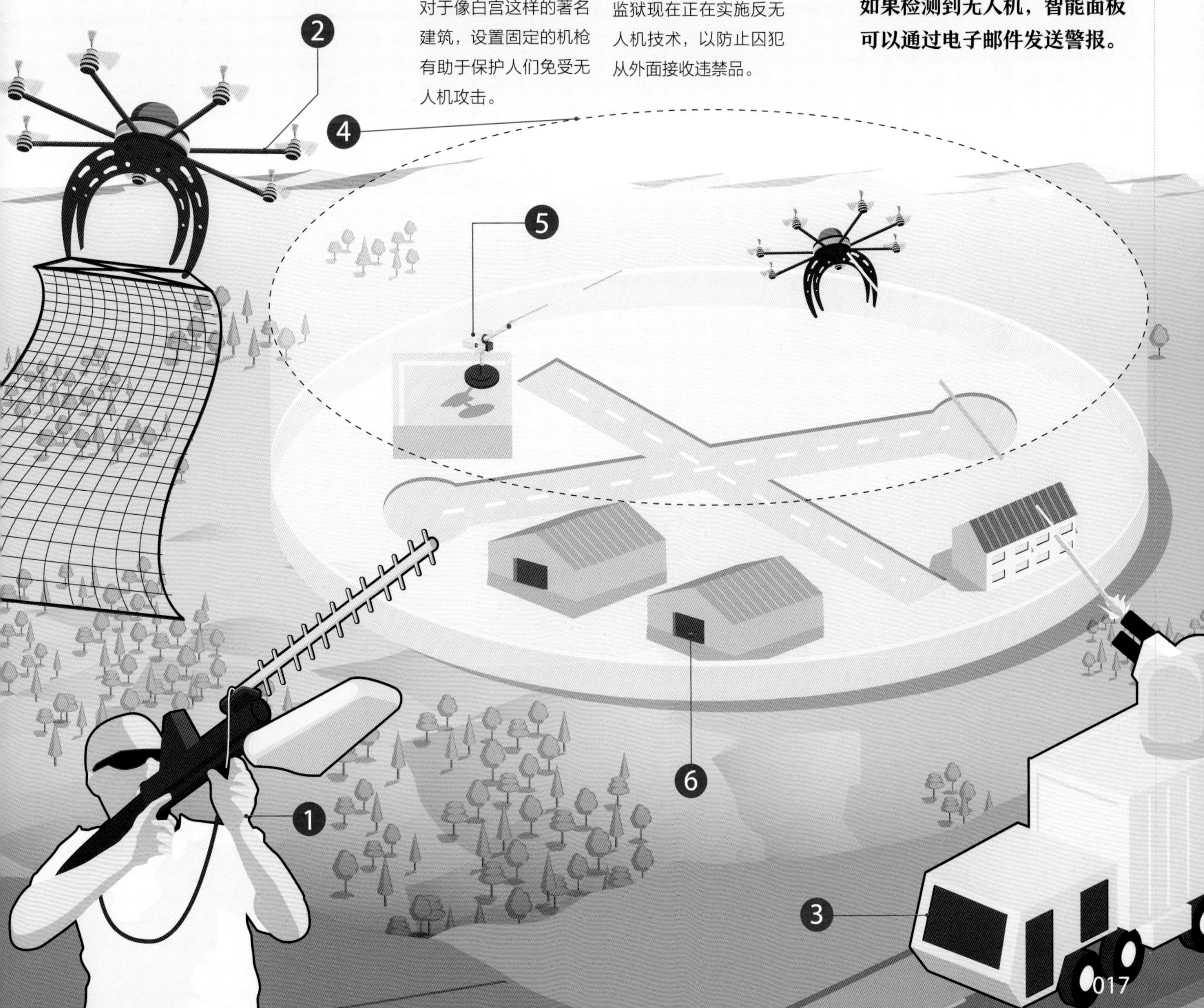

星际旅行者

无人机在太空探索中的应用

美国国家航空航天局的原型无人机正在这个框架中进行测试，以评估其低重力性能。

极端条件下的飞行器

下一代四旋翼飞行器将用于在火星上制造燃料。

通过美国国家航空航天局的科学家的努力，在火星上寻找水和冰的任务将很快扩大，新一代的无人机技术也将被用于探索火星。一架新型的小型无人机可能很快就要发射到这颗红色星球上，并被送入火星车最难进入的区域，以发现火星探测漫游者无法获得的资源。无人机可能会在火星上发现水。

气体驱动

喷气机将使用氧气或蒸汽代替转子来处理起重和操纵任务。

导航

导航系统将识别景观，并能够引导自己到预先编程的位置。

充电

在基地部署无人机，使用太阳能电池板捕获的能量给无人机充电。

模块化

无人机将采用模块化设计，根据任务的不同，一次可携带各种工具。

小型无人机

美国国家航空航天局目前正在测试的无人机大约有你手掌大小，因此一个着陆器可以在一个任务中携带几个。

一架新型的小型无人机可能很快就要发射到这颗红色星球上了。

美国国家航空航天局的普朗特-D

如果把火星探测漫游者和气球型扫描仪也算在内，那么可以说无人机已经用于太空探索了。但在数十万公里之外，无人机可能很快就会使用像普朗特-D之类的轻量化新设计来探测行星的新景观。

这架无人机已经进行飞行试验，由于其革命性的设计，可能是未来的探索方向。新的机翼是钟形的，而不是传统的椭圆形状，而且尾翼和飞行控制表面的移除大大降低了飞行器的重量。这些特点使燃油经济性提高了30%以上。

该设计始于20世纪初航空工程师路德维希·普朗特的研究，同时也包含了其他几个工程师和空气动力学先驱的结论。然而，飞行器的名字普朗特-D，也代表着对降低阻力的空气动力学设计的初步研究。

革命性的平面设计灵感源于鸟类飞行。

早期的原型机体积巨大，但最终的无人机可能和你的手掌一样小。

探索土卫六

无人机很快就可以搜索土卫六的地面、海洋和天空。

土卫六目前是我们所能到达的唯一一个类地星球。它有液态湖泊、厚厚的大气层和气候系统，是许多天体物理学家“访问”名单中的第一位。到目前为止，最近的一次是 2005 年惠更斯探测器对土卫六开创性但短暂的“访问”。随着无人机技术的进步，我们可能很快会从陆地、海洋和空气等方面探索土卫六。

充电站
气球可以为小型无人机提供一个移动充电站，在再次飞行之前，无人机可以在此充电。

还很遥远
目前，科学家们只对土卫六进行了短暂的“访问”，所以很遗憾，我们距离登上土卫六还很遥远。

备份计划
一个着陆器中携带几个无人机，所以如果其中一个失败，另一个可以继续执行任务。

转子驱动
由于土卫六的大气层很厚，具有旋翼的无人机比使用燃气动力飞行的无人机飞行得更好。

克拉肯海
土卫六上最大的海洋，被称为海怪海，是各种水下无人机的主要目标。

难以到达的区域
旋翼无人机可以降落在难以到达的区域，包括斜坡顶部。

测量仪器
潜艇将测量湖泊的化学成分，拍摄海床图像，并跟踪水流和潮汐。

进入未知世界
克拉肯海是由液态碳氢化合物而不是水组成的，因此设计一个合适的无人机很难。

高科技健身

未来的科技装备将帮助你变得更美、更健康

科技能让你更容易地保持健康，这是毫无疑问的。无论你是手腕上戴着一个跟踪器来监测你的心率和卡路里消耗量，还是使用一个应用程序来跟踪跑步或自行车运动，科技对锻炼身体都有明显的好处。随着虚拟现实和人工智能等技术的迅速发展，将把这些简单的应用程序和追踪器等健身工具带到一个全新的水平。

最重要的是，未来的健身几乎肯定会围绕着数据分析展开。是的，我们已经可以听到你打哈欠的声音，但请耐心等待。我们已经在跟踪我们的训练，看看健身状况如何随着时间的推移而改善，无论是骑自行车、健身还是马拉松。智能手机应用程序，利用该设备的 GPS 芯片，以及各种加速度计和陀螺仪，捕捉各种运动，让我们对自己的表现有一个很好的了解。除此之外，还有更多的追踪器可用，如监测我们的心率并分析速度，以及许多其他的统计数据。随着测量变得越来越容易，我们的检验能力将得到提高。很快，我们就可以使用类似 skulpt 扫描仪这样的设备来检查我们的肌肉张力，它分析身体中的 24 个位置，以显示特定肌肉的脂肪百分比和等级。该装置使用一种称为复合肌电图的方法来测量特定肌肉的质量。它有效地通过每一块肌肉传送一个小电流。身体脂肪和肌肉以不同的方式影响电流，通过电极监测变化，以提供肌肉状况的读数。它也将很快能够准确地测量你运动时燃烧的脂肪量，并跟踪你的呼吸。三星的 Body Compass 2.0 使用智能服装来实现这些功能，衣服本身内置六种不同类型的传感器来跟踪这些读数，并向用户提供反馈，让用户知道自己是否在适当地运动。这还只是一个原型，但像这样发展下去，我们可能很快就可以看到类似的智能服装上架。

更多接触重运动的人也有一个更光明的未来，这要归功于旨在监测或防止受伤的设备。一个例子是 Fitguard，在有肢体接触的竞技体育中，它可以测量每次碰撞的影响，并通过一个应用程序显示用户头部受伤情况。对于那些打橄榄球或美式足球的人来说，这样的技术可以极大地帮助

人工智能私人训练师

随着Siri、Cortana和Google Assistant等数字助理已经在我们每天随身携带的设备中出现，关注健身的人工智能获得发展势头只是时间问题。像VI领口这样的人工智能个人教练可以让用户获得个性化的训练，得到心率和速度的实时数据，以及高质量的音频体验。虚拟仪器的声音会促使你达到个人最佳状态，告诉你是否跑得比正常速度慢一点，并检查你是否想在累的时候停止锻炼。

该设备通过跟踪用户的训练和测量改进，每天都能了解更多关于用户的信息。你也可以整天戴着领口，在不运动的时候听音乐和打电话。随着这种设备变得越来越小，越来越便携，这些智能训练助手也会变得更好，而VI就是一个很好的开始。

它环绕着你的脖子，所以你可以长时间穿戴着它而不会妨碍你。

虚拟仪器每天通过追踪你的训练了解更多关于你的信息。

健身仪器的内部

看看智能训练助手背后的技术

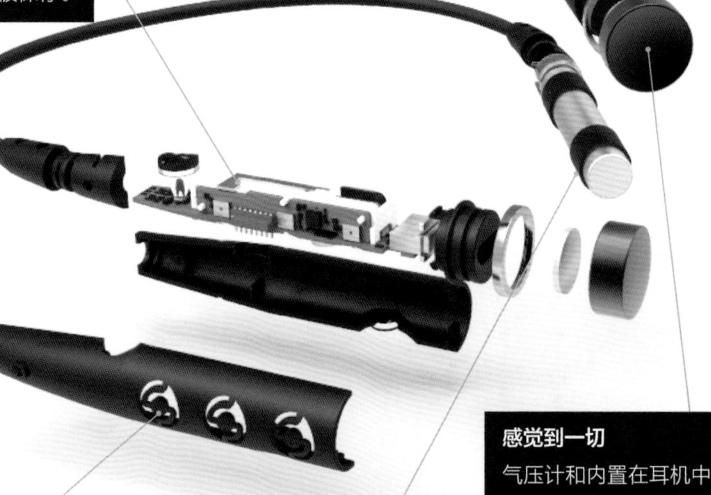

高级音效
VI附带的耳机由一流音响制造商哈曼卡顿（Harmon Kardon）公司生产。

话筒
内置麦克风意味着你可以和VI通话、提问、打电话。

磁性的
末端的磁铁可以让耳机连接到领口上，而两端可以卡在一起。

保持联系
天线将连接到用户的智能手机，因此用户的训练数据将被保存。

感觉到一切
气压计和内置在耳机中的心率传感器将有助于记录大量数据。

简单界面
颈带上的三个按钮可以让用户在无法进行语音控制时轻松地与VI交互。

全天候电池
电池占据颈带的一侧，充满电后能持续8小时左右。

他们发现那些原本可能被忽视的伤病。每年大约有380万例与运动相关的脑震荡，但许多运动员没有报告他们的症状，使他们的健康处于危险之中。Fitguard背后的公司希望他们的设备能帮助解决这个问题。

随着我们的研究越来越多，我们从这些设备收集的数据，以及从其他设备收集的数据，将被结合起来形成我们身体的完整图像。更重要的是，全面分析我们的锻炼和健康状况有着深远的意义。在我们去做体检之前，医生们会获取更多关于我们身体的信息。随着问题被发现，相关的建议可以在网上提供给你，医生的投入可能就不那么多了。随着医疗保健变得越来越个人化，越来越有效果，医疗服务也会变得不那么紧张了。

这些数据不仅可以用于健康检查。随

现在测量肌肉张力就是一件易如反掌的事情。

着人工智能的提高，计算机将更好地分析你的锻炼项目、体质和你自己的目标，并能够创建真正个性化的锻炼计划，你可以按照计划锻炼而无需支付私人教练费用。这些计算机将能够推荐运动，帮你达到你的目标，无论是脂肪燃烧还是调理你身体的某些肌肉。而且随着时间的推移，你能够准确地看到进展的情况。计算机会根据训练结果推荐更多的训练，不管是在特定的领域继续改进还是保持你目前的状态。

随着时间的推移，所需的技术也将被植入到我们运动时穿的衣服中。Under Armour 公司已经制作了一种叫作 SpeedForm Gemini 3 RE 的跑鞋，它可以跟踪你的速度、步幅等。很快，这些追踪器可以嵌入运动衫、短裤和其他可穿戴设备，如耳机和手环。

同样的技术也很可能被植入我们的睡衣中，使用跟踪器来监控睡眠时间和质量。这听起来可能很奇怪，但好好睡一觉对健康生活是至关重要的，改善睡眠对身体有很大影响。随着传感器变得更小、更便宜和更容易佩戴，它们将变得更加常见。

新技术还将帮助运动员进行全面的恢复，改善血液循环，缓解扭伤和其他损伤引起的肌肉疼痛。像这样的装置已经存在，比如奎尔（Quell），它刺激神经，使你的大脑释放化学物质来减弱疼痛感。这种便携式装置可以绑在小腿上部，可以持续几周的时间来减轻慢性疼痛或损伤带来的不适。更为快速有效的方法，是纽约 Xtreem Pulse 公司研发的 PureFlow 系统，可以帮助运动后立即恢复。在用专门设计的加压布料包裹腿部之后，PureFlow 系统将空气泵入布料夹层，压缩腿部区域，增加血液流量，从而将氧气和营养物质输送到需要它的肌肉。

运用虚拟现实技术保持身体健康

在未来的健身中，虚拟现实头盔可能有很大的作用，用户在玩游戏的同时可以保持身体健康。当与像伊卡洛斯这样的系统搭配时，这种健身的“游戏化”会变得更加令人兴奋。这个套件让使用者感觉他们在飞，当你向不同的方向倾斜时，你的整个身体会跟着移动。虚拟现实头盔使这种体验特别真实。但是让这个系统更出色的原因是它锻炼了许多肌肉而你甚至没有意识到。

在系统上保持平衡需要坚强的意志，在伊卡洛斯上几分钟后，你就会感觉到腹肌、肩膀和股四头肌的灼伤疼痛。虚拟现实头盔也可以与智能跑步机配套使用，这些跑步机可以测量我们的速度，并根据我们的运动调整速度。

伊卡洛斯系统目前很昂贵，但这种锻炼经验可能是健身的未来。

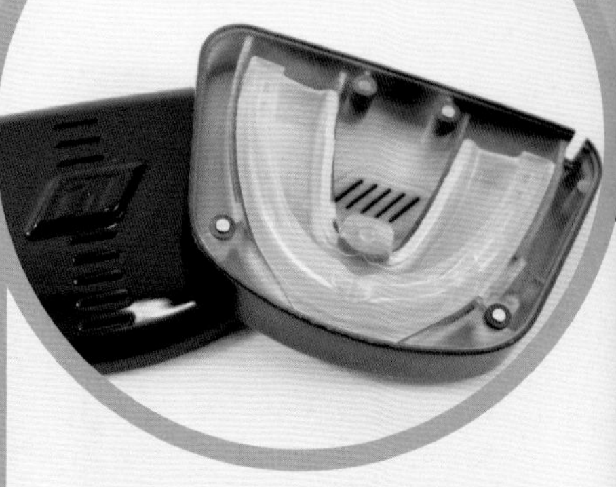

像 Fitguard 这样的设备可以检测到碰撞并帮助玩家避免伤害。

和伊卡洛斯（Icaros）一起飞行

了解伊卡洛斯系统是如何运作的，以及它如何挑战你的身体。

你知道吗？ 自从伊卡洛斯团队向其他人提供了他们的开发工具包，就有了更多的应用程序可供用户选择。

飞行

配合虚拟现实头盔，会让你觉得你真的在飞行。

集中精神

伊卡洛斯系统不仅能锻炼你的大脑，还能锻炼你的腹肌，因为你必须集中精神去比赛。

反射

除了良好的平衡外，这个系统还能帮助你提高反应能力。

搭配一个虚拟现实头盔，这种体验更加真实。

锻炼肌肉

这个系统需要一些体力来控制，所以你的肌肉会得到很好的锻炼。

平衡是关键

正确地进入伊卡洛斯可能需要一些练习，但一旦你进入这个系统，转移你的重心将帮助你平衡。

这台机器很大，通常需要一名技术人员来操作，这意味着 PureFlow 更像一个专业设备，但很快，这项技术就变得更便携、更实惠，在健身房中更常见。

当然，所有这些小工具都专注于帮助个人锻炼和改善身体。但在未来几年，健身有一个非常重要的方面无疑会扩大，那就是社交健身。随着我们使用的各种跟踪器与智能设备的连接越来越紧密，健身可能更多成为一种社交体验。

一些健身应用程序已经允许你添加朋友并查看他们的进展，随着我们访问更多我们自己的指标也会增加。运动会在内心里变成一种竞争，运动会变成一种你和朋友们玩的游戏。这个月谁减掉的脂肪最多？谁更能改善他们的肌肉张力？谁跑得更远，骑得更快，平卧推举更重？竞争是非常激烈的，尤其是当你想保持健康的时候，应用程序和服务很快就会让人们知道健身既能锻炼还能成为赢家。

其他的技术可能会使这种“游戏化”的健身更进一步。锻炼时戴上虚拟现实头盔可以把你的健身房变成一个电子游戏世界，在那里你可以看到你的朋友在你身边实时跑步。当你与游戏世界中的朋友比赛时，或者尝试打破他们几天前创造的纪录时，训练将变得更加社交化。或者，你在训练中的动作可能会变成游戏中的其他动作。例如，你跑得越快，你的虚拟人物完成某个小游戏的速度就越快。任天堂（Nintendo）Switch 游戏机和索尼的 PlayStationVR 等游戏机已经有了让你在现实世界中移动的游戏，这可能只是这些游戏的下一个迭代。

许多技术还处于初级阶段，必须在未来几年内开发出来，才能提供给消费者。但是随着这么多健身技术的出现，很快我们将拥有所有需要的工具来保持健康。

未来的健身房

看看未来几年高科技健身房的配套情况

生物特征登录
来到健身房，登录每台机器，就和扫描指纹或虹膜一样简单。

交互式跑步机
这些跑步机将有助于在健身房里跑步时感觉更有趣，可以让你沉浸在虚拟世界中。

冷冻室
在冷冻室里 3 分钟就像在冰浴里 20 分钟。冷冻一下，你会迅速恢复。

建议
当你到达健身房时，你可以根据你的目标和历史数据得到个性化的锻炼建议。

虚拟现实无处不在
人们使用虚拟现实头盔来感觉自己在户外运动，所以你会在健身房里看到许多虚拟现实头盔。

智能鞋可以为用户提供关于他们训练的有用信息

去飞
像伊卡洛斯这样的新型机器，可以让锻炼更像电子游戏，让健身房充满乐趣。

PlayStation 虚拟现实设备已经在帮助人们享受乐趣的同时，去更多地活动身体了，这只是一个开始。

TURE GYM

智能后视镜

举重运动员将使用智能后视镜，内置屏幕和数字化身，看看他们的姿势和动作是否正确。

健身器材能捕捉锻炼者产生的能量。

运动动力驱动的健身房

绿色能源是地球生存的关键，每一点都很重要。这就是为什么一些健身房正在建立他们的储能设备，以捕捉人们在健身时产生的能量，并用它来减少电力消耗。目前，这项技术主要用于椭圆机上，还没有用于交叉训练、划船和自行车运动的计划。这些设备都是由一个电源转换器和一个中央电源单元组成的，可以用来为健身房的其他部分供电。随着健身房运动越来越流行，这似乎是一个减少能源消耗的好方法。

全息教练

当你做伸展运动或瑜伽时，全息教练将向你展示正确的姿势。

智能传感器

像智能耳机这样的传感器将无处不在，它能帮助你改善健康状况。

充电

许多机器将连接到健身房的电网，为大楼提供免费能源。

像这种运动型 G575U 自行车一样，能捕捉能量的机器可能是健身房的未来。

食物搅拌机

把水果沙拉用搅拌机做成奶昔。

食物搅拌机是一个紧凑的流体动力学实验室。刀片的旋转使液体加速，离心力将其向外推，大气压在中心形成一个充满空气的旋涡，涡流使食物不断地搅动与混合。几秒钟之内，牛奶和水果块就融合在了一起形成奶昔。

搅拌机中心的旋涡看起来像龙卷风，但其原理却完全不同。龙卷风的动力来自其中心的热上升气流，它把周围的物质挟卷而起，并将其抛向上方。在搅拌机中，底部的旋转刀片不断地将液体从中间推向搅拌杯的边缘，这就产生了一个吸力，将食材从中间向下拉。

刀片最初的工作是切碎固体，一旦碎片小到一定程度，刀片就无法以足够大的冲击力来将其切碎。令人惊讶的是，搅拌机使用内爆冲击波来完成这项工作，刀片旋转得如此之快，以至于在后缘形成真空。刀片尾部的水在真空中沸腾形成蒸汽泡，当微小的蒸汽泡再次凝结和破碎时，它们发出一连串的冲击波，进一步粉碎食物颗粒。

投料盖
中间的孔可以让你在搅拌机运转时添加配料。

杯盖
涡流迫使液体上升到罐的侧面，因此严密密封的盖子是至关重要的。

杯体
漏斗形状的杯体有助于将液体从底部拉上来，没有死角。

旋转方式
旋转的刀片将液体拖成圆形，离心力会将液体推向杯体的边缘，并向杯体的上面推。这样水的表面就会边缘高，中间低。

密封塞
刀片轴从罐底伸出，需要可靠地密封以防泄漏。

搅拌机的小零部件

按下按钮，水果从块状变成果汁

切碎作用
任何在刀片上面的固体都会被向下拉到中间，直到它碰到刀片。刀片把固体切成碎片后，碎片会再次被扔回到刀片上面，每一个循环，固体都会被切得更细小一点。

刀片
将一些刀片向上倾斜，一些刀片向下倾斜，在底部创建一个更大的切片区域。

联轴器
一个齿轮装置连接到刀片轴并将杯体锁定到位。

电动机
这台电动机的功率足以切割坚硬的果核，放在底部它的重量也有助于保持搅拌机的稳定。

别忘了把盖子盖上！

你知道吗？ 患有色觉缺陷的人只能看到视力正常的人看到的 100 万种不同颜色中的 5%~10%。

色盲用眼镜 探索能恢复正常色觉的光学技术

全世界数百万人患有色盲，每 12 名男性中约有一人患有色盲，每 200 名女性中约有一人患有色盲。男性更易遗传色盲，因为大多数色盲病例是通过 X 染色体遗传的，男性有 1 条 X 染色体，女性有两条 X 染色体。女性的两条 X 染色体都有致病基因才会色盲，因此，男性遗传色盲的概率要比女性高得多。

虽然通常被称为色盲，但受影响的人实际上并不一定是全色盲。更准确的术语是色觉缺陷（CVD），因为有这种情况的人很难区分某些色调。这是由于眼睛后部的一种视锥细胞缺失或变异，从而影响大脑接收帮助其确定颜色的信号而引起的。最常见的情况是红绿色盲，当红绿视锥细胞重叠超过正常值时就会发生这种情况。这会改变发送到大脑的信号强度，导致绿色看起来更像棕色，红色看起来更接近黄色。

色盲太阳镜有助于 CVD 患者区分颜色。

虽然目前还没有治疗色觉缺陷的方法，但制造商 Enchroma 已经开发出一款可以改善色觉的眼镜。他们最初是生产激光眼科手术的外科医生使用的安全眼镜的，他们注意到，当一个患有红绿色盲的人戴上这种眼镜时能看到比以前更多的颜色。

看到彩虹

色盲太阳镜如何解决红绿色盲问题?

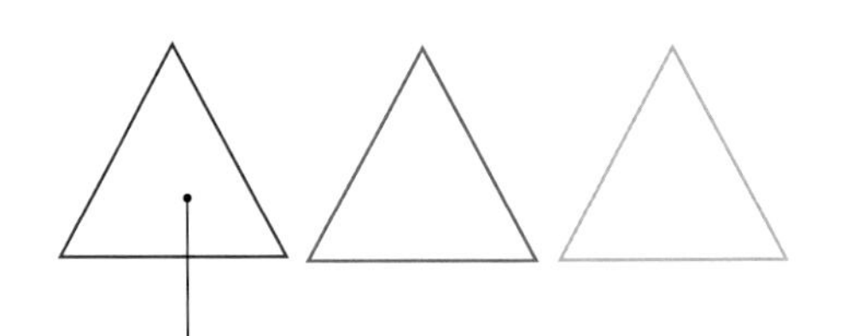

正常色觉
红、蓝、绿视锥细胞向大脑发送信号，帮助大脑确定正确的颜色。

红绿色盲
突变导致红视锥细胞检测到绿光，反之亦然，导致发送到大脑的信号重叠。

佩戴色盲太阳镜
镜片过滤掉红绿之间重叠的波长，将两种颜色分开。

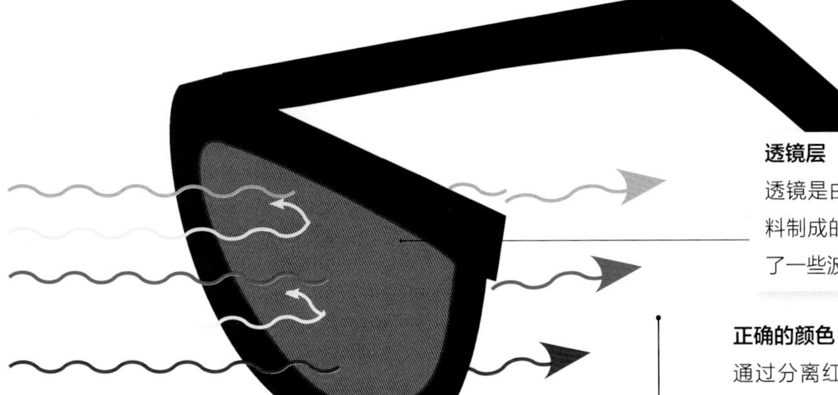

透镜层
透镜是由 100 层薄薄的材料制成的，这些材料阻挡了一些波长的光。

户外使用
由于这种眼镜挡住了一些光线，所以只能在室外光线明亮的情况下使用。

正确的颜色
通过分离红色和绿色，这种眼镜可以让大脑从视锥细胞接收到更准确的信号。

我们是如何看到颜色的?

当光线到达我们的眼睛时，视网膜中的感光细胞（称为视杆细胞和视锥细胞）会检测到光线的亮度，视锥细胞还能检测到颜色。人类有三种不同类型的视锥细胞，每种视锥细胞都能探测到所有波长或颜色的可见光。然而，不同视锥细胞对某些波长的光的响应更强烈。红视锥细胞对长波的光反应更强烈，蓝视锥细胞对短波的光反应更强烈，绿视锥细胞对光谱中间波长的光反应更强烈。为了确定你所看到的物体的颜色，你的大脑会比较来自每种视锥细胞的信号强度，然后将它们混合在一起，形成正确的色度。

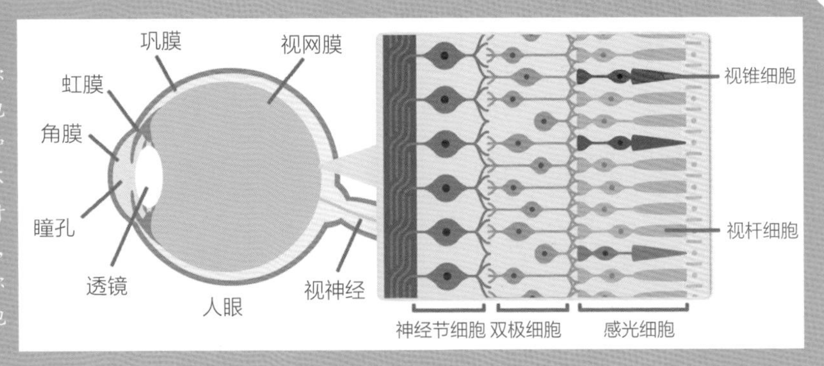

喷墨打印机

这些设备是如何精确地制作文档和照片的？

喷墨打印机实际上是电动机、滚轮和传动带的合体，它们可以移动纸张，几乎所有复杂的技术都在打印头中。它们可以固定在打印机内，也可以装入可更换的墨盒中。一个打印头包含数百甚至数千个微型喷嘴，每个喷嘴的厚度大约是人类发丝直径的十分之一。

这些喷嘴太薄了，无法用普通管道制成。取而代之的是，微小的通道被直接蚀刻在同样的材料上，这种材料被用来制造喷射墨滴的装置。热喷墨打印机包含直径约 15 微米的微型电阻加热元件。为了喷射墨水，加热器打开百万分之一秒，旁边的墨水立即沸腾。这会导致蒸汽泡膨胀并产生压力波，然后将墨滴从喷嘴中喷出。佳能、惠普和利盟（Lexmark）生产的喷墨打印机都使用这种技术，但爱普生和兄弟打印机是通过向特殊的压电晶体充电，在喷嘴中产生压力波的。

每一滴墨水只有几万亿分之一升，打印机每秒可以喷出数万滴墨水。大多数打印机有四种不同颜色的墨水——黑色、蓝色、红色和黄色，有些型号还具有浅蓝色、浅红色、浅黄色和浅灰色墨盒。这些颜色相互叠加，形成各种可能的色度。页面上的一个彩点可能包含 32 个独立的墨滴，高质量打印机每平方厘米可产生数百万个彩点。

大型商用喷墨打印机一个墨盒可打印 75000 页。

从打印机到页面

每个组件都在执行一个精确编排的规定动作，以使墨水到达正确的位置。

打印头传动带

通过步进电动机驱动传动带左右移动，将打印头定位在页面上。

导纸辊

引导纸张通过滚轮匀速进入打印机，以防止滑动或撕裂。

打印头

由微型喷嘴组成的矩阵，喷射出一团墨滴，在纸上形成一个精确的图案。

打印墨盒

不同颜色的油墨保存在各自的储液罐中，并配有专用的打印头。一些打印机将彩色墨盒组合成一个单元。

纸盘

两侧的可调导板确保纸张始终处于送纸辊的正中心。

LTR
B5
A4

你知道吗？ 普通的喷墨打印机只能在纸张等平面物体上打印，施乐公司发明的 Direct to Object 喷墨打印机可以在非平面物体表面进行打印操作。

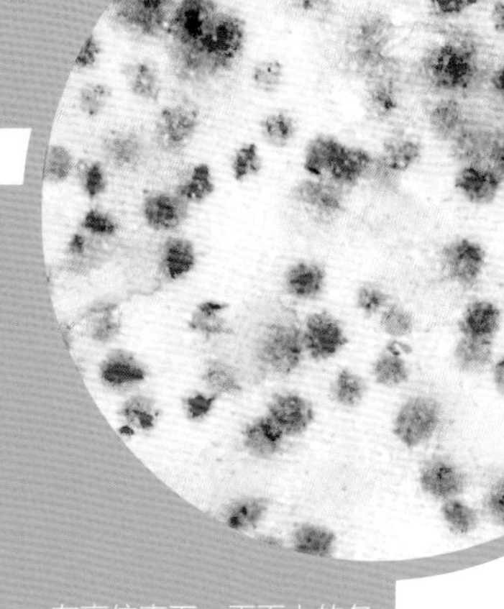
在高倍率下，页面上的各色墨水点都是可见的。

避免堵塞

打印机墨水一旦接触到纸张就需要迅速干燥，但如果墨水在喷嘴中干燥，则会堵塞。不使用打印机时，用橡胶盖密封打印头，以防干燥，但在打印过程中，如果不需要特殊颜色，个别喷嘴可能会长时间暴露在外。为了保持它们的自由流动，打印头会故意扫描纸张边缘，然后未使用的喷嘴会把墨喷到一个小盒子里，这样会浪费一点墨水，但比清洗喷嘴要好得多。有些打印机会暂停，用橡胶刮刀擦拭打印头，以清除凝结在喷嘴的墨水。如果打印机闲置时发出奇怪的叮当声和呜呜声，通常就是发生了堵塞的情况。

一个打印头包含数百甚至数千个微型喷嘴，每个喷嘴的厚度大约是人类发丝直径的十分之一。

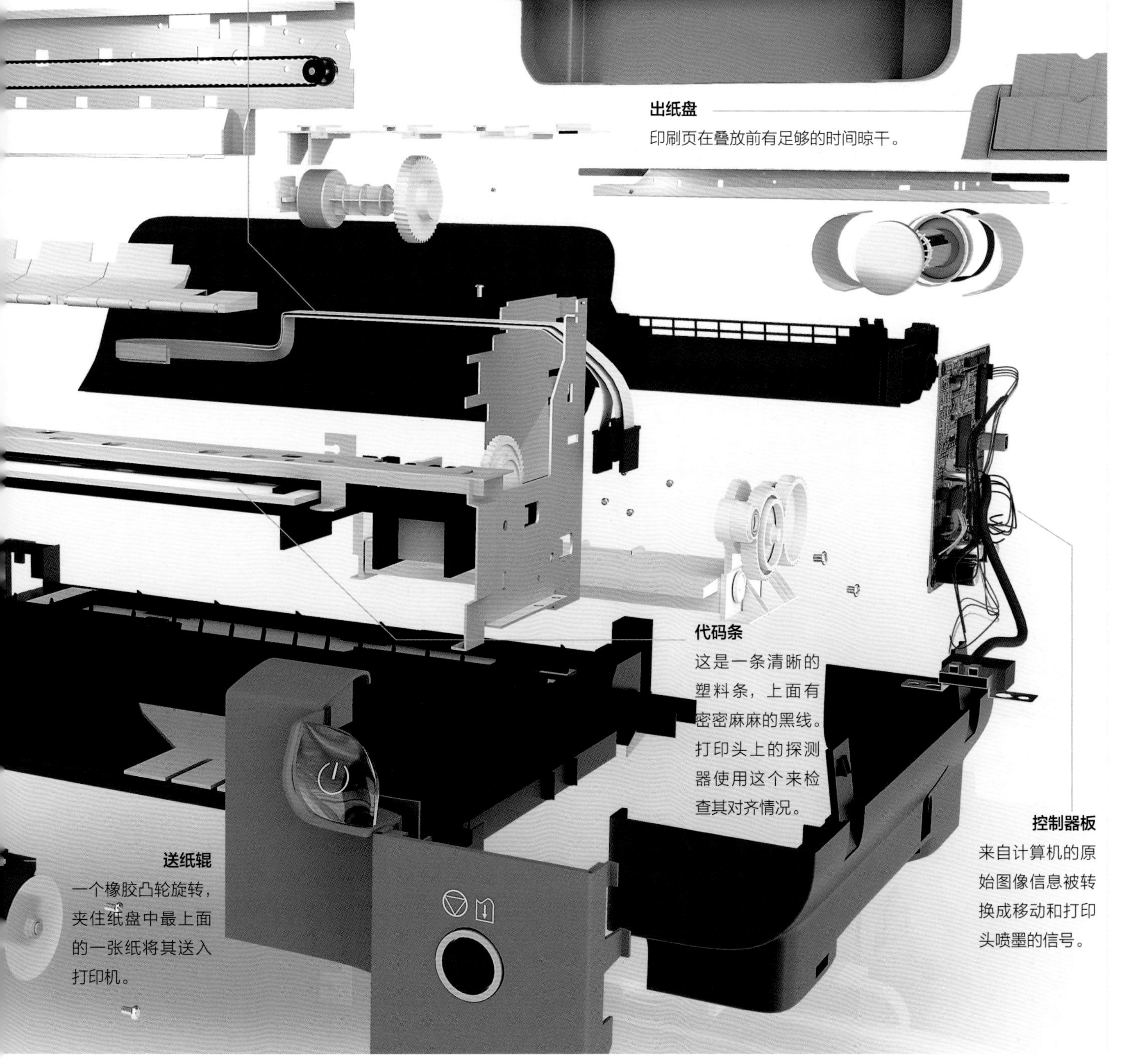

带状电缆
每个打印头的独立信号线控制每个喷嘴喷射的精确时间。

出纸盘
印刷页在叠放前有足够的时间晾干。

代码条
这是一条清晰的塑料条，上面有密密麻麻的黑线。打印头上的探测器使用这个来检查其对齐情况。

控制器板
来自计算机的原始图像信息被转换成移动和打印头喷墨的信号。

送纸辊
一个橡胶凸轮旋转，夹住纸盘中最上面的一张纸将其送入打印机。

滚筒洗衣机

越来越多的家庭选择滚筒洗衣机，你知道它们是如何工作的吗？

洗衣机本质上就是搅拌机。衣服被放在内部穿孔的滚筒中，由外部防水的滚筒包围。外滚筒充满约三分之一的自来水，然后由一个电热元件加热。通过电动机转动来带动内滚筒快速转动，衣服翻转摩擦除去灰尘颗粒。有些洗衣机也有一个热水入口，但这只是为了便于利用家庭的热水供应，这可能是更经济的方法。

经过清洗和漂洗循环后，内滚筒旋转得更快，通过离心力将衣物压在筒壁上。这会把大部分的水从衣物中挤出，然后通过排水泵将废水输送到排水口。

最初，滚筒洗衣机都是上面翻盖的，所以不能安装在橱柜的下面。后来改成了前面翻盖，但前面翻盖的风险是，如果你在洗衣过程中打开门，水会漫出淹没你的厨房地板。为了防止这种情况发生，门锁会自动关闭，直到排水程序完全完成后才能打开。

另一个安全功能是检测过度振动，如果滚筒不平衡，洗衣机就会自动关闭洗衣程序。如果你只洗一件外套或一件厚毛衣，就会发生这种情况，但是同时洗一些毛巾会有助于平衡负载。

一切都从旋转开始

即使是最新的型号仍然使用相同的简单设计

通过电动机转动来带动内滚筒快速转动，衣服翻转摩擦除去灰尘颗粒。

为不同的人们提供不同的洗涤剂

洗衣机不能摩擦搓洗衣服，所以大部分的清洁工作必须用洗涤剂来完成。洗涤剂的目的是产生非常小的泡沫，否则气泡会进入密封门，会留下污泥沉淀。为了防止硬水区的水垢沉积，洗涤剂中含有硼酸盐和硅酸盐，它们与钙离子结合，阻止钙离子从溶液中沉淀出来。大多数洗涤剂还含有漂白剂，以保持白色衣物干净清透。

生物洗涤剂还会添加酶，以分解特殊的顽固污渍，如血液和果汁等。但新的洗涤剂的设计是为了保持衣物的颜色，实际上是最简单的形式，因为它们只是省略了漂白剂和酶，完全依赖洗涤剂。

1907年，德国汉高最先在市场上出售含有漂白剂的洗涤剂。

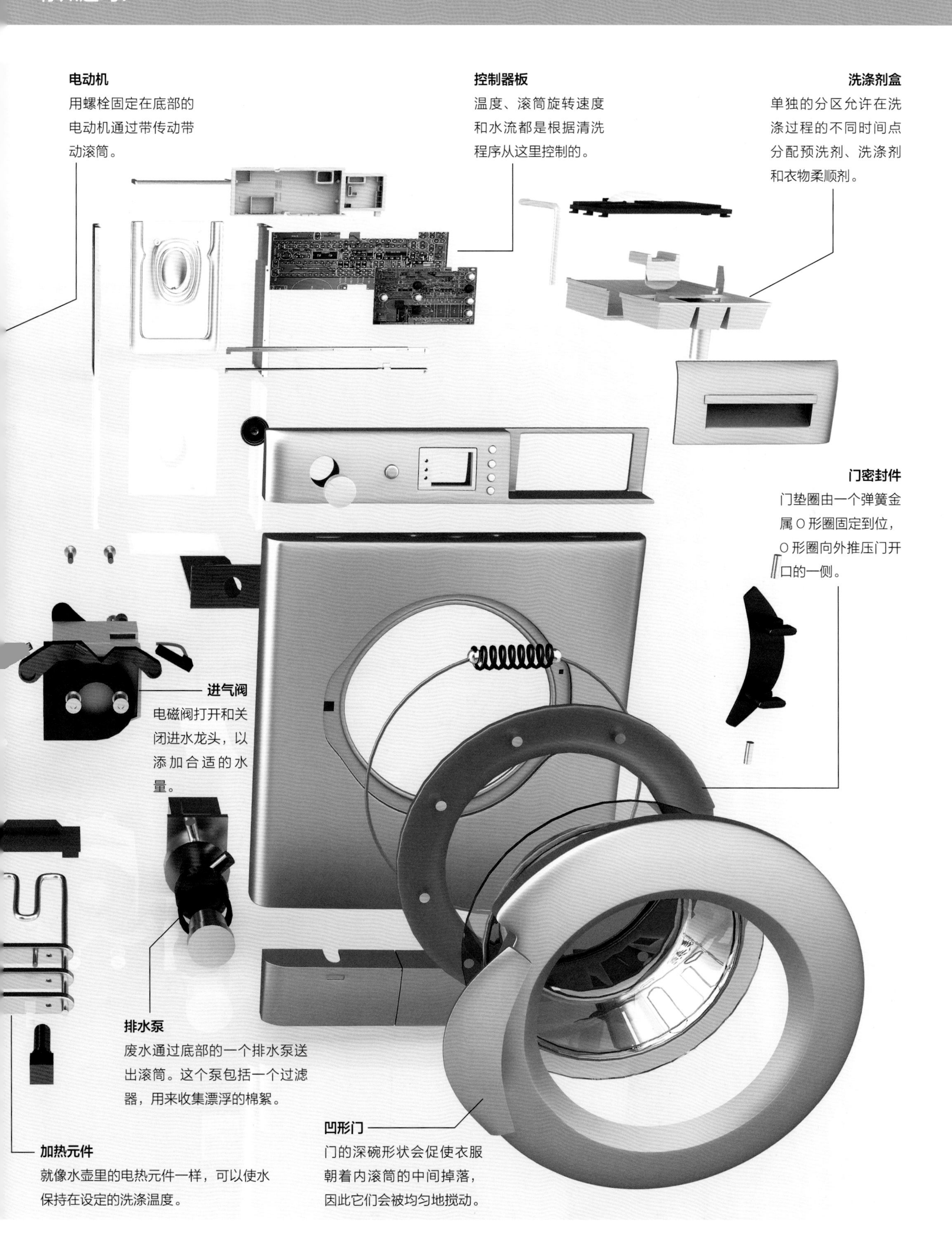
电动机
用螺栓固定在底部的电动机通过带传动带动滚筒。
控制器板
温度、滚筒旋转速度和水流都是根据清洗程序从这里控制的。
洗涤剂盒
单独的分区允许在洗涤过程的不同时间点分配预洗剂、洗涤剂和衣物柔顺剂。
门密封件
门垫圈由一个弹簧金属O形圈固定到位，O形圈向外推压门开口的一侧。
进气阀
电磁阀打开和关闭进水龙头，以添加合适的水量。
排水泵
废水通过底部的一个排水泵送出滚筒。这个泵包括一个过滤器，用来收集漂浮的棉絮。
凹形门
门的深碗形状会促使衣服朝着内滚筒的中间掉落，因此它们会被均匀地搅动。
加热元件
就像水壶里的电热元件一样，可以使水保持在设定的洗涤温度。

摄像科技

揭示数码相机的内部工作原理。

微单相机是小型相机和单反相机之间的一个过渡。

数码相机是一种极其复杂的设备，能够在短短一秒钟内捕捉和处理图像。数码相机主要有三种类型，最基本的是小型相机，它通常可随身携带，性价比高并具有自动模式，所以你需要做的就是取景与按下快门。然而，相机尺寸小意味着它的传感器也小，这会影响图像质量。像素的减少意味着记录的信息更少，为了解决这个问题，需要更灵敏的小型传感器，否则会导致图像模糊不清。

第二种是数字单反相机（DSLR），它要大得多，因此它可以容纳更大的传感器，以获得更加清晰的图像。它也可更换镜头，所以你不必局限于固定镜头的焦距。另一个较大的区别是光学取景器，它通常位于相机顶部。当用一台小型相机拍摄时，光线进入镜头并直接进入传感器，传感器随后在电子取景器或LCD上显示数字图像。在单反相机中，光线照射到传感器前面的一个有角度的镜子上，然后反射到光学取景器上。然后，当你拍照时，镜子会翻转起来，让光线通过传感器，以便拍摄记录。

第三种数码相机是微单相机，它是小型相机和数字单反相机的交叉。这种相机没有光学取景器，这就是为什么它也被称为无反光相机，但它有一个可互换的镜头。与大多数小型相机相比，微单相机的传感器更大，手动控制也更多，它们具备数字单反相机的许多优点，但是更小、更轻。

控制曝光

摄影就是记录光线。如果相机的传感器暴露在过多的光线下，照片将太亮或曝光过度；但如果曝光不足，照片就会太暗。要控制到达传感器的光线量，可以调整三个主要曝光设置。在自动模式下，会有提示帮助你。

孔径

镜头内部有一个称为光圈的开口，其大小可以调整。较大的f值（如f22）使开口变小，允许进入透镜的光更少，而较小的f值（如f2.8）将使其变宽，允许更多的光进入。这也能控制焦点的大小。数字大使一切保持清晰，数字小会模糊背景。

f1.8：小的f值模糊了背景，使你的拍摄对象脱颖而出。

f13：大的f值保持背景和前景都聚焦。

快门速度

相机快门保持打开的时间可以根据快门速度进行调整。快速快门速度（如1/250秒）只会使快门打开很短暂的时间，让一点点光线进入，而慢速快门速度（如30秒）会使快门打开更长时间。速度快可以拍出锐利的照片，而速度慢会模糊场景中的任何动作。

1秒：使用慢速快门时最好用三脚架，以避免固定物体模糊。

1/1600秒：快速快门速度可以冻结任何移动以捕捉瞬间。

感光度（ISO）

通过调整相机的感光度（ISO）设置，可以控制传感器对光的敏感度。高感光度（如1600）将提高灵敏度，使最终的照片更亮，但也可能产生噪点，使照片看起来呈颗粒状。所以可以的话，最好调整光圈和快门速度来使照片更亮，调高感光度作为最后手段。

ISO 100：低感光度可以确保照片清晰。

ISO 1600：较高的感光度会使照片变亮，但会使其呈颗粒状。

进入镜头

光线从拍摄的对象或场景上反弹，进入相机镜头。

聚焦光线

镜头的曲面玻璃将所有光线汇聚到一个点上——图像传感器。

对焦

当光线从物体上反弹并穿过镜头时，它们以一定的角度弯曲，然后汇聚在传感器上形成图像。如果它们汇聚的点离传感器很远或到达传感器时还没汇聚到一起，图像将失去焦点。

要使图像保持聚焦，可以调整镜头和拍摄对象之间的距离，以控制光线在何处汇聚。镜头离拍摄对象越近，光线汇聚的角度越小，光线的汇聚点越远。

对焦相机时，将镜头移近或远离拍摄对象。

完美的画面

拍照时相机内部会发生什么？

生成最终的图像

微处理器使用来自传感器的可用数据重新创建图像并将数字文件保存到存储卡上。

记录颜色

在传感器前面，一个彩色滤光片阵列结构确保红光、蓝光和绿光只到达某些像素点。

准确的颜色

镜头以不同的角度汇聚不同波长的光，因此可以进一步帮助镜头重新排列颜色。

捕捉光线

传感器前面的机械快门会短暂打开，让光线通过。它保持打开的时间称为快门速度。

传感器

该传感器由数百万个称为像素（pixels）的光敏单元组成，这些光敏单元将光转换成电信号。

处理数据

每个像素的电荷向相机的微处理器提供有关光的颜色和亮度的信息。

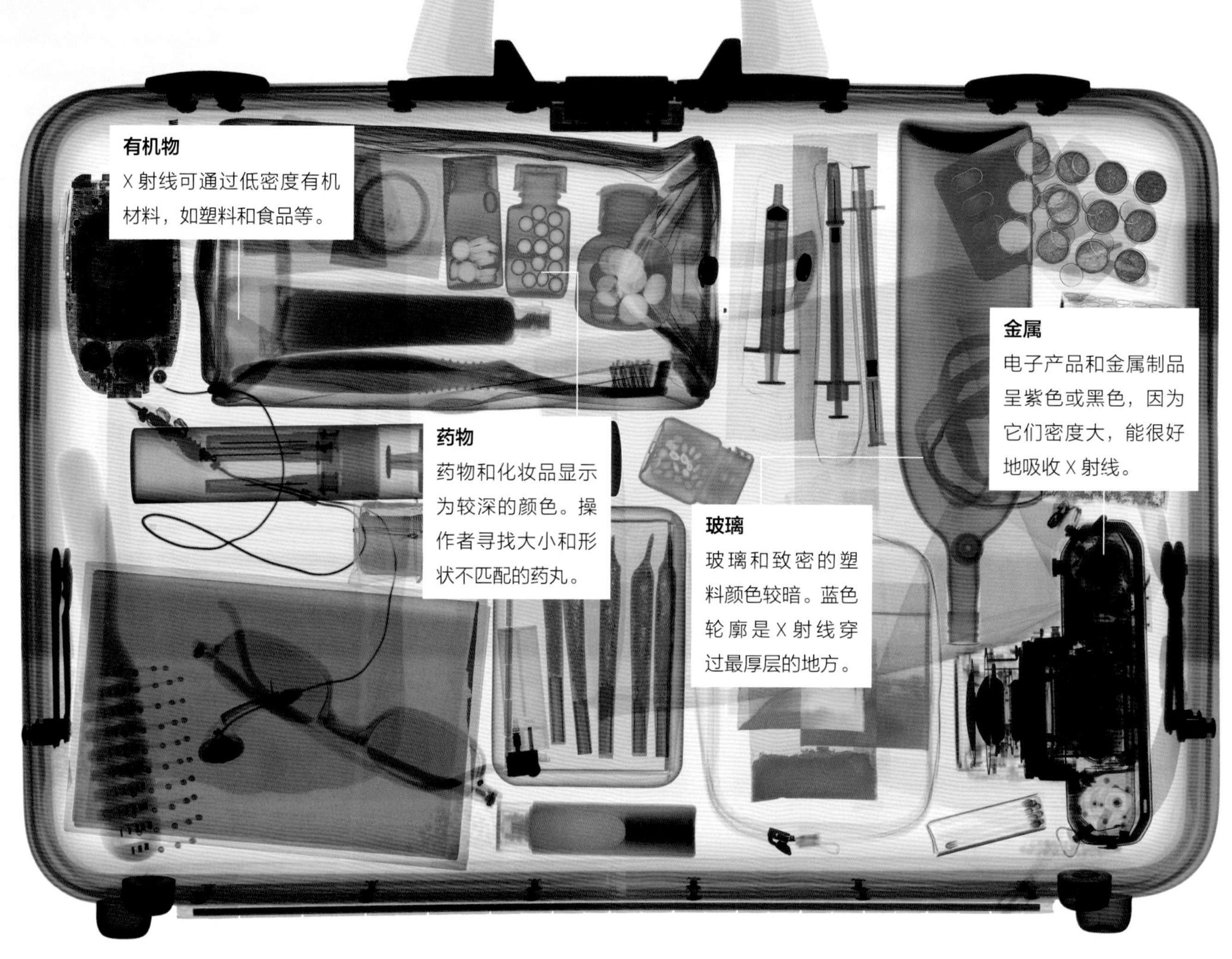

机场安保

当你的行李通过安检扫描仪时会发生什么？

检查手提行李的扫描器为安保人员提供内容物的即时视图，并根据每个物品的材质自动进行颜色编码。它的工作原理是用 X 射线从两个方向穿过行李。当每束 X 射线射穿你的行李时，其中一些 X 射线能量会被里面的物品吸收或散射，一些 X 射线穿射到另一侧的探测器，从而对其位置和能量进行初步测量。然后，光束通过一个吸收低能量 X 射线的滤光片，让高能量 X 射线通过并照射第二个探测器。这有助于把不能很好地吸收 X 射线的低密度的物品找出来。

计算机算法使用 X 射线吸收模式来确定被扫描物品的有效原子质量及其密度。根据已知物品的数据库交叉引用这些值，扫描仪可以分辨出面霜和塑料炸药，或者可卡因和糖之间的区别。然后，图像处理软件根据扫描结果给扫描中的每个物品上色，并突出显示任何可能的危险。为了使操作人员保持警惕和集中注意力，软件会偶尔插入可疑物品的假数字图像，以检查其是否能正确识别。

办理登机手续的行李也必须进行扫描，如果发现了可疑的东西，更复杂的扫描仪会自动对它重新检查，该扫描仪将虚拟切片一直穿过行李，就像医院的 CT 扫描一样。每袋需要 16 秒，如果结果仍然被标记为危险性物品，操作员将检查两次扫描的结果，并确定是否需要打开行李。

每天有 14.5 万个行李经过英国伦敦希思罗机场，它们都会被扫描。

你知道吗？ 最新款机场使用的 3D CT 安检扫描仪的工作效率是传统 X 光扫描仪的两倍。

在行李扫描仪内部

看不见的 X 射线如何为行李创建彩色图像？

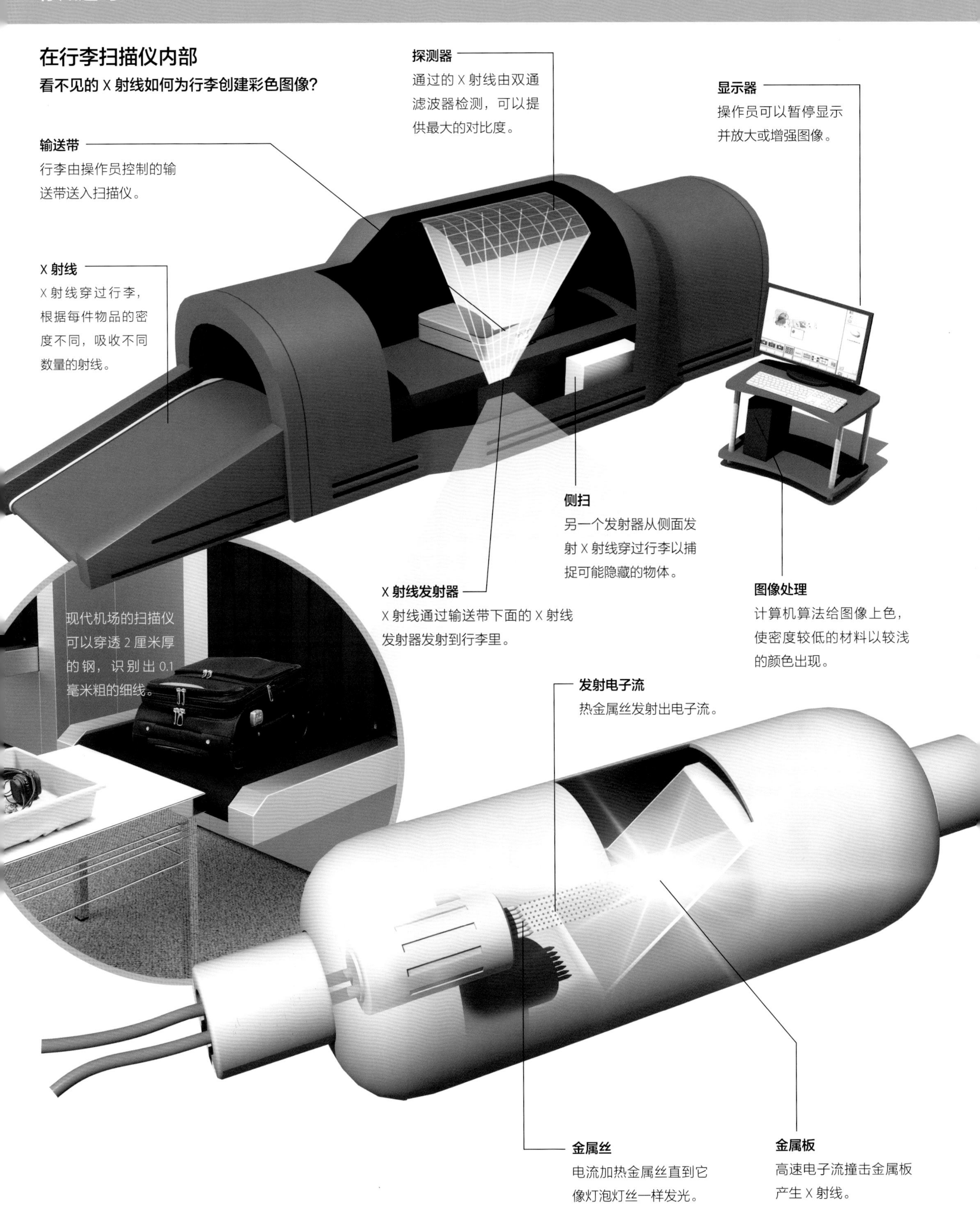

工业机器人

机器人在工厂工作，既不会累，也不会生病，还没有工资。

世界上90%的机器人在工厂里工作，事实上，工业机器人的发展速度一直都比较快。

1961 年通用汽车公司安装了 Unimate 后，机器人首次投入使用。这是一个 1.8 吨重的压铸机器人手臂，用于处理炽热的金属车门把手和其他部件等这些对人类来说很危险的工作。Unimate 按照存储在磁鼓（现代计算机硬盘的前身）上的指令，可以重新编程以完成其他工作。1969 年，当 Unimate 机器人接管了车身焊接的工作时，俄亥俄州的通用汽车工厂当时每小时能生产 110 辆汽车，远远高出其他汽车生产厂。

现代工业机器人已经从使用笨重的液压驱动发展到精确的电动机驱动。每个传感器都能检测到 LED 灯的光穿过刻有插槽的圆盘。当插槽中断光束时，它们向机器人的处理器发送一系列脉冲，精确地告诉机器人手臂移动了多远。安装在每只手臂末端的摄像头使用复杂的图像处理软件，即使它们在传送带上是颠倒的或旋转的状态，也能识别物体，超声波接近传感器则防止机器人撞到其前进路径上的障碍物。

虽然很复杂，但是因为工业机器人是如此的强大，移动得如此之快，所以人类与它们在一条装配线上还是很危险的。最新的机器人有由弹簧驱动的关节，弹簧由电动机拉紧，而不是直接由电动机驱动臂关节，这样可以吸收意外撞击产生的力，使机器人能够及时做出反应，避免受伤。

控制室

程序员编写控制机器人的代码，并通过 Wi-Fi 将新指令传输到生产线。

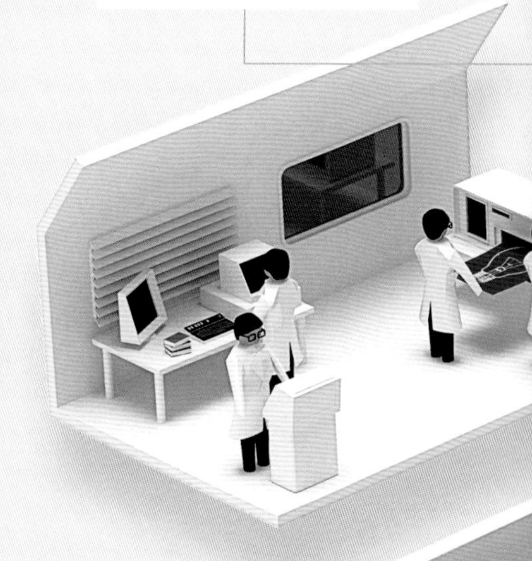

固化

组装好的产品可以通过最终检查的扫描仪或烘干器来固化油漆和胶水。

包装

专业的包装机器人将成品打包放入运输箱中密封。

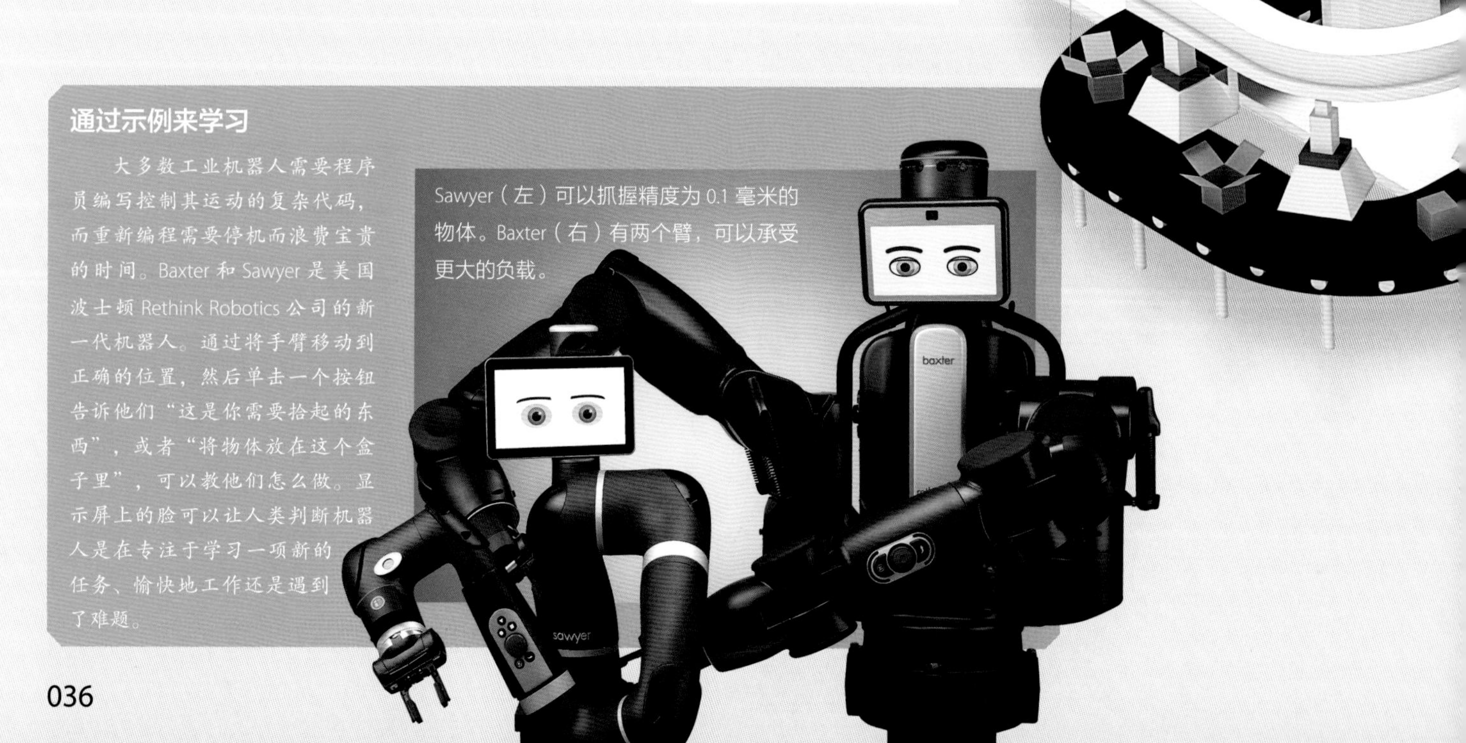

通过示例来学习

大多数工业机器人需要程序员编写控制其运动的复杂代码，而重新编程需要停机而浪费宝贵的时间。Baxter 和 Sawyer 是美国波士顿 Rethink Robotics 公司的新一代机器人。通过将手臂移动到正确的位置，然后单击一个按钮告诉他们“这是你需要拾起的东西”，或者“将物体放在这个盒子里”，可以教他们怎么做。显示屏上的脸可以让人类判断机器人是在专注于学习一项新的任务、愉快地工作还是遇到了难题。

Sawyer（左）可以抓握精度为 0.1 毫米的物体。Baxter（右）有两个臂，可以承受更大的负载。

机器人装配线

机器人负责处理紧张而重复的工作，而人类则负责监督。

起重机器人
起重机臂可以提升物品并沿着安装在天花板上的轨道进行传送。

装配
机器人手臂可以将零部件组装在一起，焊接电路板、焊接接头和喷漆比人做得更好。

检查
当零部件进入生产线时，X 射线或超声波扫描仪检查其是否有缺陷或损坏。

多功能
每只手臂都有肩关节、肘关节和腕关节，它们可以在六个不同的方向上弯曲和旋转。

危险区
机器人很重，动作很快。人类必须在其运行时保持距离，以避免被撞击受伤。

加载
机器人将箱子堆放在托盘上以便运输，不用担心会受伤。

机器人焊接的接头更牢固，因为它们的动作更加精确和一致。

电动交通工具

从插电式飞机到电池动力船，
电动交通工具的未来是非常光明的。

空气动力学通道
空气流过 FFZero1 的车身，冷却电池并减少阻力。

燃油汽车目前仍然主宰着道路，但他们的日子屈指可数。麻省理工学院（MIT）2016年的一项研究发现，美国每天行驶在路上的汽车中有87%可换成电动车，到2020年可能会上升到98%。

电动汽车发展的最大障碍是续航，驾驶者会担心旅途中电量用完。虽然充电站位于全国公路网的便利位置，但充电站基础设施仍在开发中。也就是说，未来充电点将越来越普遍。例如，在日本，他们现在充电站的数量已经超过了加油站的数量。在近几年里，人们对电动汽车的态度发生了很大变化。以前，电动汽车一直遭受冷嘲热讽，它们高昂的价格也让消费者望而却步。

由于电池容量、充电时间、性能和价格的高昂，电动汽车一开始广受批评。插电式混合动力汽车很快使用内燃机运行节省开销。现在，电动汽车的价格已经基本上跟燃油汽车一致了，后期维护费用还更低。

除了道路上的进步，电力驱动也开始向海洋和天空进军。电动船是最古老的电动旅行方式之一，从19世纪末到20世纪初，在汽油驱动的舷外发动机取代电动船之前，电动船已经流行了几十年。现在，全球对可再生能源的推动正在促使电动船回归。随着法国和美国加入开发和测试电池动力飞机的组织，电动航空旅行也正在逐步展开。从原型中吸取的经验，再加上电池技术的不断进步，很快就能使商用电动飞行成为现实。

电动汽车不会排放任何废气。如果美国按照麻省理工学院2016年的研究采取行动，用电动汽车取代87%的汽车，那么美国对汽油的需求将减少61%。现在，这些为汽车、船只和飞机充电所需的生产过程还不是无排放的。未来，随着可再生能源的使用，电动汽车将变得更加清洁。

电力驱动

AMG汽车公司设计的由12个电动机联合起来提供1640千瓦的动力驱动的电动汽车。

在日本，充电站的数量已经超过了加油站的数量。

特斯拉——电动汽车巨头

特斯拉汽车公司以著名的物理学家尼古拉 · 特斯拉命名，成立于 2003 年，是美国最大的电动汽车公司，该公司发布的第一款产品是纯电动跑车 Tesla Roadster，成为第一款使用锂电池的电动汽车，并向消费者展示了电动汽车可能是未来的发展方向。

2009 年 3 月 26 日，特斯拉推出全电动豪华车特斯拉 Model S，引发全世界电动汽车的热潮。

2012 年 2 月，特斯拉开始推出特斯拉 Model X，鹰翼门是这款车的最大特色之一，后侧门能以向上延展的方式掀开，同时侦测侧边及上方的障碍物避免碰撞，达到即便在狭窄的空间范围仍可轻松进出。

2016 年 3 月 31 日，发布特斯拉 Model 3，这是一款 4 门全电动紧凑型轿车，价格很亲民，一发布就引起了轰动。

目前，特斯拉的新产品 Tesla Model Y 已开始预售，与每款特斯拉车型一样，Model Y 拥有同级车型中杰出的安全性能，并有超大的储物空间，最多能够容纳 7 名乘客及随身携带的行李，第二排的每一个座椅都可以单独折叠平放，轻松装运滑雪板、家具、行李等大件物品。掀背车门直抵行李箱底部，大口径开合，装卸轻松、快速。采用特斯拉全轮驱动系统，具有两台超灵敏的独立电动机，以数字化方式控制前后轮转矩，提供更加出色的操控、牵引及稳定性。Model Y 具有完全自动驾驶能力，支持城市街道以及高速公路上的自动驾驶（不过这个还要获得监管部门的批准），还兼具在停车场任意位置召唤爱车的能力。Model Y 的行驶速度 3.5 秒即可破百，续航里程更是达到 480 千米。

特斯拉在品牌上无疑已成为电动汽车巨头。

特斯拉拥有自己的快速充电站，可以在几分钟内而不是几小时内为汽车提供动力。

你知道吗？ 大众公司正在研发一款充电 15 分钟可以行驶 500 公里的电动汽车。

特斯拉的竞争者 与特斯拉一起瓜分电动汽车的天下

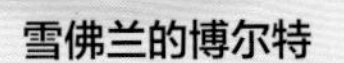

雪佛兰的博尔特

这款经济实惠的全电动汽车拥有 320 千米的续航里程，一次充满镍—锂离子电池组。

大众电动款高尔夫

大众新款电动高尔夫有三种驾驶模式：标准、经济和经济 +，有助于在性能和能耗之间保持平衡。

现代爱奥尼克电动汽车

除了可以达到 165 千米每小时速度的电力传动系统外，该车还具有自动紧急制动功能。

梅赛德斯 - 奔驰 B250E

先进的电动机和大容量电池为该公司的汽车提供了类似汽油动力的转矩。

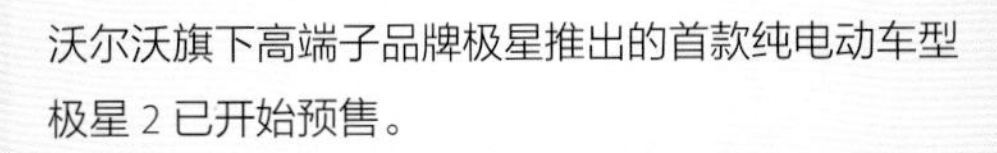

沃尔沃旗下高端子品牌极星推出的首款纯电动车型极星 2 已开始预售。

在内饰选材上极星 2 放弃了真皮而采用了源自潜水服的 Weave Tech 环保材质。

极星 2 是一款纯电动中级轿跑车，车身长宽高分别为 4607 毫米、1985 毫米和 1478 毫米，轴距 2735 毫米。车尾采用了快背设计，后窗与尾门一体的设计使车身更加流畅动感，同时对空气动力学也产生了积极影响。

动力系统

电动汽车内的电动机是如何将电能转换为机械能的？

电动汽车从外面看像汽油车，但是打开机舱盖，你会看到电动机而不是发动机，而且电源是由电池而不是燃料箱提供的。电动机把电能转化为机械能，驱动车轮转动，此过程由控制器调节，控制器接收加速踏板的信号，然后将相应的功率传递给电动机。

电动机在低速时提供高转矩，并允许快速加速。第一代电动汽车使用直流电（DC）系统，但较新的电动汽车使用交流电（AC）系统。交流电系统的设计通常具有更高的功率重量比，使其更有效，并且通常需要较少的维护。

简单电动机的工作原理

使电动汽车平稳行驶的动力系统背后的工作原理

换向器

这实质上是一个金属环的两半。在直流电路中，转子每转半圈，电流就会反向流动。

转子

当电流流过转子线圈时，就会产生磁场。这与磁铁的磁场相互作用。

旋转

换向器中的开口使电流的方向在每次旋转时来回切换，使转子保持同一方向旋转。

N

S

电池

当点火开关转动时，电流通过换向器从电池流向转子。

磁铁

磁铁根据电流的流向吸引或排斥转子产生的磁场，使转子旋转。

电动机在低转速时提供高转矩以实现汽车快速提速。

许多电动汽车使用三相交流电动机，在更大的范围内利用这些电磁相互作用。

环保型替代燃料

电动汽车并不是替代化石燃料汽车的唯一选择。还有其他几种能源方式可以帮助我们减少对汽油和柴油的依赖。

混合动力

混合动力是将传统的汽油或柴油发动机与电动机结合在一起，因此使用的燃料比普通燃油汽车少。

沼气

沼气中的甲烷气体可以用来为传统的发动机提供动力。这种可再生燃料可以由人类排泄物或粪便产生。

乙醇

由玉米或甘蔗生产的生物乙醇可以用于燃料电池汽车，为汽车提供动力。

天然气

天然气与氧气结合为发动机提供动力。水和热量是这个过程唯一的副产品。

制造性能更好的电池

电动机的性能如何跟上电动汽车日益增长的需求？

在过去的几十年里，电池的效率和容量稳步提高。但有一个问题，就是为了给汽车提供足够的动力，电池组又大又重。锂电池为当今大多数电动汽车提供动力，但新技术可以提供更好的替代品。锂空气电池仍处于研究阶段，但其储能能力是相同尺寸锂电池的10倍，因此在能量密度方面可与汽油或柴油媲美。金纳米线电池正在开发中，以应付定期充电，它的耐久度超过锂电池400倍。

领先的公司是特斯拉，2014年其超级电池工厂开始建设，这是一个与松下合作的新电池生产基地。该工厂位于美国内华达州里诺市一条名副其实的电气大道上。目前，该超级电池工厂还没有全部建成，但是已经开始投产。特斯拉首席执行官埃隆·马斯克曾表示，这样的超级电池工厂不只这一座，他们计划最终在全球建10到12座超级电池工厂。

我国上海正在修建的超级电池工厂是特斯拉在全球范围内部署的第二家超级电池工厂，现在已经接近完工，即将投产。

特斯拉首席执行官埃隆·马斯克（Elon Musk）表示，公司的未来取决于这家巨型工厂。

新一代赛车

技术创新将改变赛车的未来

当你想到赛车运动时，你最先想到的是什么？是英雄般的赛车手驾驶特制的高性能赛车，还是赛车跑在赛道上造成的噪声污染和尾气污染？虽然像一级方程式赛车、印地 500 赛车或勒芒 24 小时赛车的爱好者可能会选择前者，但客观地说，在更广泛的社会领域中，人们更同意后一种看法。

然而，你可能不知道的是，赛车除了可以分出胜负外，汽车制造商一直把赛车作为汽车发展的试验场。今天我们在路上看到的汽车的发动机、悬挂系统甚至车身设计都是最初在赛道上首创的，这是因为赛场是一个毫不妥协的环境，在这里设计和创造都会受到极限的考验。

没有赛车，我们就不会有尾翼或扰流器、涡轮增压器甚至双离合器变速箱。这种进化并不总是以速度为目的。所有这些都被用于使汽车更快，而且更清洁，因为提高发动机效率，从而降低燃油消耗，才能使汽车在需要加油之前行驶更远的距离。而且，在我们的数字时代，这种渐进式的发展已经成为汽车能力发展的动力，而这些都是在赛道上开始的。近年来，混合动力汽车越来越多，这并不是巧合，在之前的五年里像丰田和保时捷这样的混合动力汽车市场最大的两个参与者一直在与混合动力汽车进行顶级耐力赛。

因此，我们关注当前赛车运动的技术，可以了解道路交通的未来前景，未来将以混合动力技术和汽车采集能源为中心，而不仅仅是消耗。因此，配备内燃机和电池的汽车在道路上会变得越来越普遍，汽车制动能量回收也将取得新进展。

至于赛车本身的未来？毫无疑问，这取决于电力。世界耐力锦标赛（World Endurance Championship）负责勒芒 24 小时耐力赛（24 hours of Le Mans）等赛事，它规定了更加清洁的赛车规则，而电动方程式（FE）等锦标赛已经将电动汽车带入了世界舞台。如果你了解今天赛车的情况，你就能知道未来几年你将在公路上驾驶什么。

我们今天在路上看到的汽车最初是在赛道上首创的。

Indy 500汽车经过涡轮增压，可产生高达522千瓦的动力。

自 1923 年以来，勒芒 24 小时耐力赛几乎每年举行一次。

多年来，世界一级方程式锦标赛（F1）一直是最受欢迎的赛车形式。

F1 vs FE 顶级赛车的未来是什么?

它们听起来可能类似于赛车运动，但 F1 和 FE 是完全不同的实体。F1 是一项久负盛名的锦标赛，它是一项全球性运动，将单座赛车的概念推向了极致。它拥有最快的汽车，历史可以追溯到 1950 年，是许多代赛车迷仰慕的传奇。而 FE 是全新的事物。从 2014 年开始，FE 使用全电动汽车，着眼于保护能源，而不仅仅是消耗能源。面对巨大的挑战，FE 一直在努力使电动汽车竞技成为吸引观众的运动，因此它看起来与 F1 赛车非常相似。

近年来，F1 也开始采用更多的绿色环保技术，能量回收系统被有效地应用于混合动力汽车。2014 年，国际汽联命令所有的汽车必须将比赛中使用的燃油量减少三分之一。

FE 不太可能对 F1 的商业成功构成威胁。这是因为，当 F1 参观世界上最好的赛道时，FE 却在那些不适合大型电视节目的街道赛道上活动，利用丑陋的障碍物在崎岖不平、排水沟林立的道路上规划赛道，而不是用专门的赛道缘石清扫赛道。此外，赛车运动的一部分吸引力在于赛车时努力工作的发动机发出的令人兴奋的轰鸣声，而不是电动汽车发出的类似呜咽的声音，这让 F1 占了上风。因此，FE 不太可能在短期内占据中心地位，未来几年，我们更可能看到的是 F1 车队采用纯电动技术。

迈凯伦 MP4-X 概念

科技感十足的下一代 F1 赛车

驾驶舱：提高驾驶员安全性

F1 赛车有开放的驾驶室，赛车手可以走进赛车。然而，这样的设计虽然观众可以更多地看到赛车手在做什么，可是赛车手的头是暴露的，这使得在发生碰撞或接触到散落的碎片和汽车零件时非常危险。2014 年，马鲁西亚赛车手朱尔斯·比安奇（Jules Bianchi）的惨痛事故导致车队采取行动，以安全为前提重新设计驾驶室。迈凯伦 MP4-X 采取封闭式的驾驶室设计，形状类似于战斗机的气泡式舱盖，驾驶室内配有抬头显示系统，可以很直观地给赛车手提供对手的位置、赛道警示和事故位置等信息。

开放的驾驶舱使赛车手的头暴露在外，这种设计很快就会被淘汰。

你知道吗？ FE 赛车手在比赛中需要换车，因为一辆车不能保证足够的电量。

FE 赛车的未来

宾尼法利纳 FE 概念赛车

气动铲
这一概念试验以一个勺形的后部代替传统的机翼。

碳纤维车身
完全由碳纤维制成的车身，既有足够的强度重量又轻。

封闭式驾驶舱
这样可以使驾驶员免受飞溅的碎片的伤害，同时透明的车顶保证驾驶员的视野不受干扰，并允许观众观看。

降低高度
大部分概念车的车身不比车轮高，这意味着汽车的重心极低，能够顺利地快速转弯。

隐藏的轮子
包围在车身内的车轮有助于减少阻力，使汽车在空气中滑行得更快。

360° 视图
安置在迈凯伦周围的摄像头将实况图像传送到驾驶员的头盔上，让他们可以 360° 观看汽车，就像战斗机上的技术一样。

减阻
为了加强文丘里效应，车轮防护罩让气流通过移动的车轮而不是进入它们，这会使汽车受到的空气阻力更小。

FE 赛车实在太安静了，所以比赛中经常请 DJ 现场助兴。

噪声：污染还是赛车体验？

噪声的话题在赛车运动中造成了一些分歧。对于赛车迷来说，强烈的轰鸣声是赛车体验的一部分，但对于大多数人来说噪声是一种污染，需要考虑社会责任。在 2015 年 F1 赛车改用涡轮增压后，赛车迷对新发动机发出的低沉声音有很多抱怨。但是不论赛车迷对此有多少不满，赛车的发动机依然越改越小，声音也越来越小，因为赛车逐渐摆脱燃料，不仅可以减轻污染，还能提升赛车性能，提高行车效率。

涡轮增压发动机改变了 F1 赛车的特征性轰鸣声。

今天汽车的原型是先进的赛车，他们的技术很快就转移到道路车辆。

赛车运动的进化

勒芒赛车如何影响了汽车行业的发展。

里程碑1

1923年的第一场比赛

勒芒的首场比赛是由安德烈·拉加什和勒内·伦纳德为汽车制造商 Chenard 和 Walker 举办的。

里程碑2

1949年的替代燃料

德雷兹兄弟成为第一个驾驶柴油车参加赛车的人。

里程碑3

1953年的盘式制动器

英国制造商捷豹通过安装盘式制动器提高了制动效率，并获得第一和第二名。

里程碑4

1967年的光滑轮胎

米其林推出了第一款光滑轮胎，胎面光滑，在干燥的赛道上抓地力更好。

里程碑5

1974年的涡轮发动机

保时捷将第一台涡轮发动机带到勒芒赛道，同样的燃油可以提供更大的动力，因此赢得了比赛。

里程碑6

1998年的混合动力车型

美国选手唐·帕诺兹设计了一款既有电动机又有发动机的汽车，但没能参加比赛。

里程碑7

2006年柴油汽车胜利

奥迪 R10 成为第一辆在勒芒赛车中赢得胜利的柴油动力汽车，整个周末累计行驶 6400 公里。

里程碑8

2012年混合动力汽车胜出

仅仅 6 年后，奥迪再次突破了技术障碍，成为第一个混合动力汽车的赢家。

里程碑9

2016年提倡节能

保时捷在 2016 年夺回了奖杯，按照新规定，每圈油耗比去年少 7%。

里程碑10

2030纯电动赛车？

随着混合动力汽车越来越环保，你可以期待原型车在未来 10 年内转向纯电动汽车。

勒芒：技术试验场

世界上最著名的勒芒 24 小时耐力赛是下一代汽车技术的试验场。

勒芒 24 小时耐力赛可能比地球上任何比赛都要长，它一直是汽车制造商在汽车上测试新技术的试验场。把“星期天赢，星期一卖”的方式发挥到了极致，制造商利用这个著名的舞台，将工程的独创性与拍卖成功地结合起来。这种对赛车技术的永久性推动源于赛车允许原型车竞争的传统，给制造商提供了一个在空白纸上尝试新技术的平台，而不是试图将其推到现有的公路车辆上。奥迪的原型车曾在勒芒赛道上首次以柴油和混合动力取得胜利，就充分体现了这一点。

从 24 小时的比赛中汲取的经验教训，使汽车及其技术被推到了绝对的极限，制造商能够对后来出现在展厅中的车辆进行微调。例如，奥迪柴油车一直独领风骚，保时捷和丰田是混合动力汽车的两大制造商，这绝非巧合。

勒芒不仅仅是制造商的试验场，也是轮胎和燃料公司的试验场，例如，米其林公司开发的先进轮胎化合物具有持久性和更好的环保性。如果在 24 小时内（同时每辆车的行驶距离约为 5200 公里）成功，轮胎很可能会进一步改进，以供在公路上行驶的超级跑车使用。

正如 1953 年在勒芒耐力赛的赛车上看到的那

赛车手视角：尼克 · 坦迪

保时捷的英国职业赛车手，在顶级赛车运动领域拥有长期的职业生涯，赢得了一些世界上最著名的比赛，包括勒芒 24 小时耐力赛和代托纳 24 小时耐力赛。

尼克 · 坦迪是英国最成功的职业赛车手之一

今天的耐力赛对车手来说有多艰难?

很多人不知道的是只有身体健康才能驾驶顶级赛车，无论是 F1 赛车还是勒芒赛车。赛车的速度非常快，抓地力非常大，需要在非常高的速度下转弯。这意味着作用在汽车以及驾驶员身上的力会非常大，特别是驾驶员的脖子要能承受这些力，而且还要保持注意力集中，才能比其他人更快地驾驶赛车。因此，耐力赛需要进行大量的体能训练，包括大脑、背部、腹部和正常的心脏状况。

技术如何改变赛车?

技术可以使汽车更快，这是肯定的，虽然在某些领域的技术因为赛车而受到限制，但是它对驾驶员也产生了很大的影响。例如，我们不再使用传统的“H”型手动换档器来换档，就像今天在一些公路行驶的汽车上看到的那样。相反，我们换了方向盘转向柱，这要容易得多。现在电子设备控制汽车的方式可能听起来很无聊，但你可以随意地调整参数，所以它更令人兴奋。技术也使赛车更安全，在 20 世纪 60 年代和 70 年代，赛车因致命的事故和撞车而臭名昭著，但今天的情况已经大不相同。别误会，赛车运动仍然是危险的，只是赛车手们已经能够完全理解和接受他们所面临的危险，因为现在赛车有更好的安全系统，可以防止赛车手受伤或更糟的情况发生。从各种各样的汽车显示器上你可以看到发动机和轮胎是多么的健康。

技术的进步使你的工作更容易了吗?

从驾驶的角度看，其实是更困难了，因为有更多的事情发生。技术使优秀驾驶员和伟大驾驶员之间的差距更加明显。它不再仅仅是跳上一辆车然后开得很快，还需要学习汽车的复杂系统，以充分利用它。在勒芒 24 小时耐力赛的原型车中，平均每圈只能消耗一定的能量，所以你不能一直全速前进，你必须找到一个平衡点。在这一点上驾驶模拟器可以帮助你。它们现在特别逼真，非常好用，我们一般比赛前在他们那预订几个小时学习轨道，如果以前我们从未在那里比赛过。我们还使用驾驶模拟器来改善我们的驾驶风格，在某些情况下，尝试在汽车上进行不同的设置。没有这些设置，一旦我们到达赛道，一切都只能靠猜测。

技术使优秀驾驶员和优秀驾驶员之间的差距更加明显。

坦迪认为，技术让赛车手有了更多的工作要做，也使这项运动对观众来说更刺激了。

你认为赛车的未来会是怎样的?

我不认为我们会在世界耐力锦标赛上看到纯电动汽车，但肯定会有更多的混合动力汽车，因为它更快，更具竞争力，更让粉丝兴奋。汽车性能越来越可靠，所以我们会看到在比赛中退役的人越来越少，一些人担心增加更多的技术只会干扰比赛，但我的想法恰恰相反，我认为它只会促进赛车运动，任何改变都让人更加兴奋。

空间激光器

一起看看人造恒星如何照亮了智利的天空。

当我们想到一组激光聚集在一起指向一个遥远的物体时，我们不可避免地想到了恒星灭亡的破坏力。但是，尽管这些太空激光看起来像科幻武器，但它们现在已经成为现实，帮助我们发现更多关于宇宙的信息。

位于智利帕拉纳尔天文台的 4 颗激光导星向天空发射四束激光，每束激光的强度大约是标准激光指示器的 4000 倍。激光发出的光激发大气中的钠原子并使它们发光，创造出人造恒星，天文台可以将其用作参考点。

创造人造恒星的能力对于天文学家从地球上观察银河系非常有用。与空间中望远镜不同，地面望远镜需要穿过大气层，这会使图像模糊。现在已经开发出一种称为自适应光学的方法来纠正这些扭曲，包括使用目标附近一颗相对明亮的恒星作为参考，从而获得与空间望远镜拍摄的图像几乎差不多的清晰图像。

但是并非所有目标附近都有合适的恒星可以作为参考，幸运的是，激光导星可以作为这样的参考点。借助于这个系统，帕拉纳尔天文台的望远镜能比以往更清楚地看到宇宙。

帕拉纳尔天文台的 22 瓦激光导星是天文学史上最强大的人造恒星。

恒星闪烁的问题

当天文学家仰望夜空中闪闪发光的星星时，一定会有一种讽刺的感觉，因为这种曾经激励他们童年的现象，只会阻碍他们作为成年科学家的进步。

虽然恒星的亮度似乎各不相同，但是它们光的发射基本上是一致的，我们看到的闪烁实际上是由于地球的大气层。风速、温度和大气密度的变化会影响光的传播路径，因此它不会直线传播。由于恒星如此遥远，即使是轻微的大气变化也可能使它们的光线照射到或者偏离我们的眼睛。这就是恒星看起来闪烁的原因，地面望远镜拍摄的图像看起来模糊不清也是这个原因。

风力发电机

利用风力发电的过程

在山顶和海岸线上，风力发电机很常见，它们巨大的叶片在离地面很高的地方转动。它们之所以很高，是因为风在地面上和建筑物周围流动时，会受到阻力，所以风速较慢，且风速不稳定，无法使发电机的巨大叶片持续转动。为了捕捉最平稳、最快的风，叶片需要离地面远一些。

发电机的每一个叶片都与鸟类和飞机的翅膀形状相同，它们的一个表面是圆形的，另一个表面是平的，这种设计被称为翼型，在叶片转动时可以提供升力，更有效地利用风能。在风力发电机机舱内，旋转叶片通过重型齿轮箱与发电机相连，本质上就像一组自行车齿轮。叶片每完成一次旋转，齿轮箱另一侧的轴就会旋转 30 次。然后，发电机的工作就是把所有的动能转化为电能。

为此，它利用电磁感应，在磁场中运动的金属丝会产生电流。在风力发电机内部，连接到齿轮箱轴上的线圈环绕着一块巨大的磁铁。在风的作用下，叶片旋转，通过齿轮箱提速至线圈每分钟旋转 1800 次，在这个过程中产生了电流。

风力发电机通常位于海岸附近或山顶上。

我们用风能做什么？

在丹麦这样的国家，风力发电机产生的电力足以为数百万家庭提供电力，它通电网向全国输送。然而，风力发电机产生的电量很难管理，因为风力发电机间歇发电（只有在风吹时），通常情况下，他们生产的大部分电力都被浪费掉了。但是德国美因茨市找到一个聪明的方法来获取剩余的电力，利用它将水（H2O）分解成氢气和氧气，产生的氢气非常适合用于无排放燃料的电动汽车。

风机叶片的后面

隐藏在光滑结构内部的是一个复杂的系统，它将风能转化为电能。

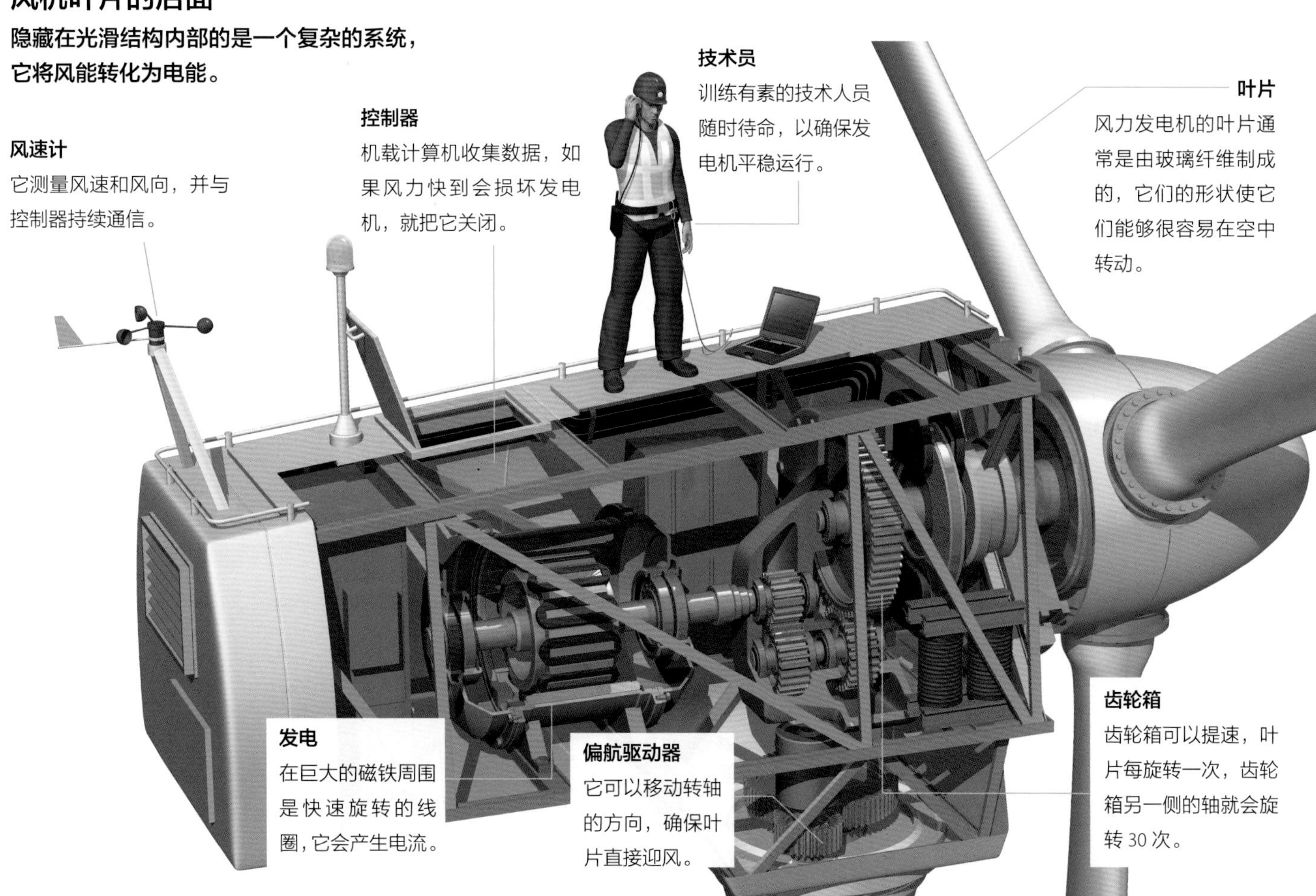

加油站

燃料是怎么到达加油站进而加到汽车里的呢？

这辆油罐车装有多种汽油，为繁忙的加油站加油。

当汽车没油的时候，都会去加油站加满油。那当加油站没油时怎么办呢？这就要说到炼油厂了，炼油厂生产汽油和柴油，这些产品通过管道运输到油库，然后由油罐车装载并将其分配到全国各地的加油站。

为了给加油站送油，油罐车驾驶员需要打开巨大的地下储油罐的人孔盖（UST），那里存放着易燃、危险的液体。一个加油站可能有多达 5 个地下储油罐，地下储油罐的进口管与油管车相连。

打开人孔盖后，驾驶员使用一根金属杆（油尺）检查每个储油罐中的燃油油位。然后，他连接两根软管：一根用于排放燃油蒸汽，另一根用于从油罐车向储油罐输送燃油，并监控油箱上的阀门和仪表，直到装满为止。断开软管后，他在关闭储油罐之前再次使用油尺检查液位。

地下储油罐配备了自动监测其所含燃油量的系统。温度的变化会改变汽油的用量，当我们把汽油泵入汽车时，由于蒸汽的释放，一些汽油会流失。加油站运营商将这些数据与销售预测相结合，以确定何时需要重新加注。

地下储油罐

汽油由油罐车通过一根管道加注到地下储油罐，然后通过另一根管道泵入汽车。

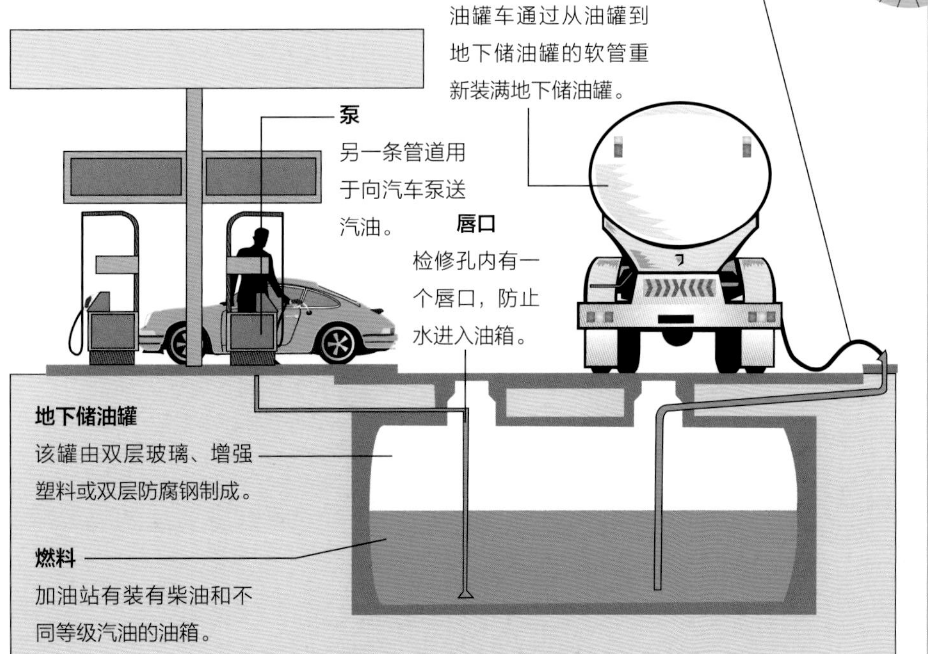

从原油到汽油

原油在炼油厂转变成汽油和其他产品。原油被泵入蒸馏塔，在那里热熔炉把油分解成蒸汽和液体。根据重量和沸点，将油的成分分离成"部分"。

较轻的部分在冷凝成液体之前上升到塔顶，而较重的部分（利润较低的部分）则冷凝到塔底。汽油是较轻的馏分之一，但也可以将较重的馏分加工成汽油以提高产量。技术人员混合不同的馏分以制造不同类型的燃料。这些产品随后储存在炼油厂附近的油库，并通过管道输送到其他储油罐。

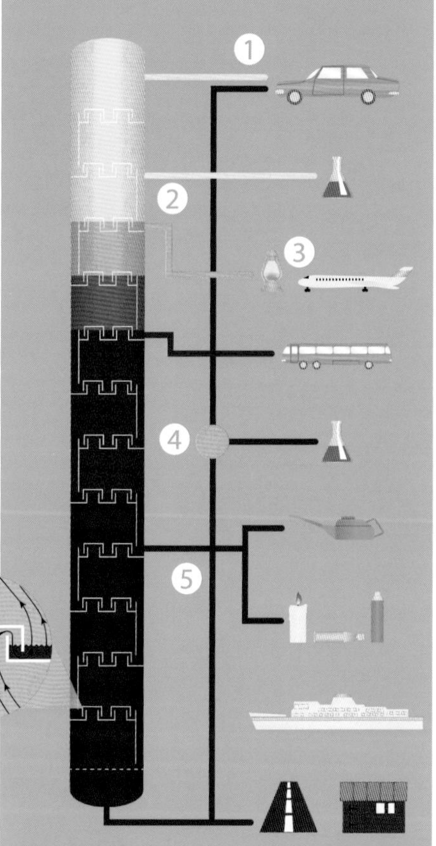

1 汽油
汽油是轻烃的混合物，也可以通过裂化原油较重的部分或催化重整原油来生产。

2 煤油
稍重的部分转化为煤油和其他石油产品。

3 柴油
中等重量的部分被提炼成柴油燃料，这种不容易爆炸。

4 裂化
较重的部分通过裂化转化为化学品、润滑油和汽油。

5 最重的部分
最重的部分变成工业燃料和沥青（一种用于修建屋顶的材料）。

下一代火箭发动机

走近协同式吸气火箭发动机（SABRE），这是一款革命性的发动机，可以使太空飞行更容易、更便宜。

为了使常规火箭能够升空，它们必须携带许多吨的液氧才能燃烧燃料。这就导致了重型的一次性火箭在升空时必须将空燃料箱丢掉以减轻重量。为了创造可重复使用的航天飞机，使其能够将游客送入和送出地球轨道，需要一种新的解决方案，英国航空航天公司反作用发动机有限公司（REL）有一个创新的方案。

协同式吸气火箭发动机（SABRE）可以作为地球大气中的一种典型喷气发动机，利用空气中的氧气与其液态氢燃料一起燃烧，然后在飞行高度达到 25 公里时，利用机上储存的少量液态氧燃料成为火箭发动机。这不仅使燃料有效载荷减少了 250 多吨，而且还消除了在发射过程中丢弃空燃料箱的需要，因此这款发动机可用于创建可重复使用的发射系统。

制造一台协同式吸气火箭发动机有一个主要问题，它的设计速度是声速的 5 倍。以这种速度从大气中吸入的空气必须在到达燃烧室之前被压缩，使其温度升高到 1000℃，这会熔化发动机的金属部件。为了解决这个问题，REL 开发了一种冷却系统，它可以在不到百分之一秒的时间内将进入的空气冷却到 -150℃。这通常会出现另一个问题，因为低温会导致空气中的湿气冻结，从而堵塞发动机。于是，该团队还开发了新技术来阻止发动机内部形成霜冻。

SABRE 发动机内部

一种既有吸气模式又有火箭模式的新型发动机

压缩机
冷却后的空气被压缩到所需的压力，大约 140 个大气压。

氦循环器
液氢燃料用来冷却氦，氦通过管道在发动机周围循环。

进气锥
在地球大气中，发动机吸入空气的方式与传统喷气发动机相同。

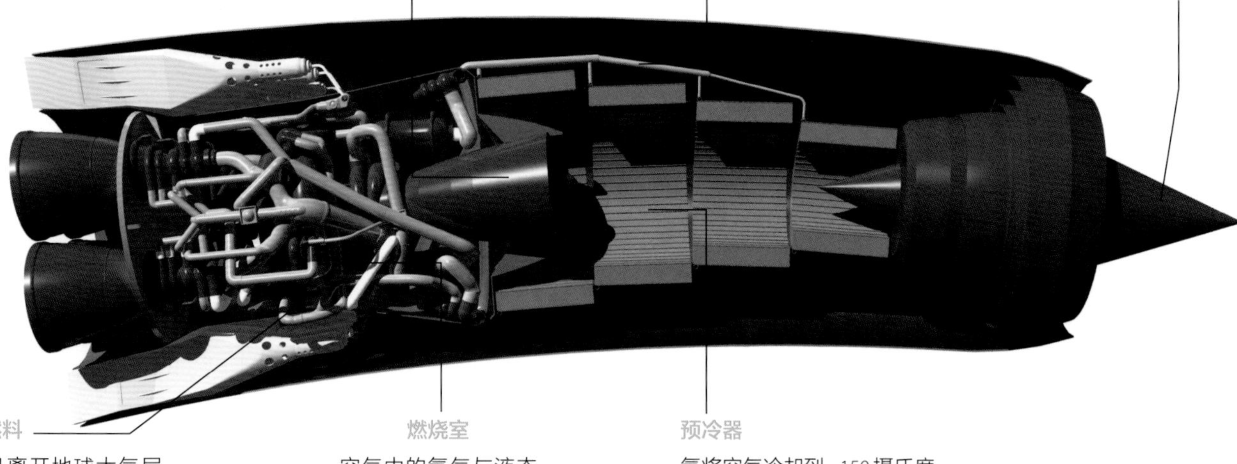

液氧燃料
当飞机离开地球大气层，周围没有空气时，使用储存的液氧燃料。

燃烧室
空气中的氧气与液态氢燃料一起燃烧以驱动涡轮发动机。

预冷器
氦将空气冷却到 -150 摄氏度，使其几乎是液体。

云霄塔太空飞机

SABRE 的设计目的是为 REL 的可重复使用的云霄塔太空飞机提供动力。云霄塔太空飞机仍处于开发阶段，它将能够从加固的跑道上起飞，并达到声速的 5 倍，将多达 15 吨的货物送入太空。一旦进入轨道，它将以 25 倍声速的速度飞行，然后重新进入地球大气层并降落回跑道上。在目前的配置中，这架飞机将能够在 300 千米的高度上搭载 30 名乘客，而无需机上飞行员。

云霄塔太空飞机长 82 米，翼展 25 米。

超级潜艇

令人难以置信的科技力量在波涛之下的战争

潜伏在深海中的潜艇目前正在海洋中巡逻，执行一系列非常重要的任务，而且通常是非常隐蔽的任务。这些隐形船只在第一次世界大战期间首次被广泛使用，德国的 U 型潜艇曾负责在战争期间摧毁英国补给船，从此永远改变了海军战争的面貌。

作为海军的传统，潜艇一直被称为船，但它其实不是船。从动力船只到现在，潜艇已经取得了长足的进步。大多数现代潜艇要么使用柴油电力推进，要么使用核反应堆来维持运行。装备了柴油发动机来驱动螺旋桨的潜艇，在水面上给电池充电。潜入水下时，电池驱动电动机旋转螺旋桨使其移动。为电池充电和为发动机补充燃料的需求使得这些潜艇的航程有限，因此大多数海军更喜欢核潜艇。核潜艇可以一次在水下停留数周，利用核反应堆以热能的形式释放能量，进而产生蒸汽驱动发动机带动螺旋桨旋转。

波音回声航行者无人潜艇

对世界各地的海军和潜艇运输人员来说，潜艇至关重要的工作是隐藏在黑暗的水域中偷袭敌舰和收集信息。它们一般可分为两类：攻击型潜艇（设计用于搜索和摧毁敌舰）和弹道导弹潜艇（设计用于攻击陆基目标）。

然而，不仅仅是军队需要使用这些潜艇。随着科学家对太空的了解比对海洋的了解更多，潜艇也被用来研究海洋环境，因为它能到达人类潜水员无法单独到达的深处。

近年来，新的无人水下航行器（UUV）开始出现在水中，它可以代替人类执行危险任务，这样人类就能安全地留在岸上或附近的船只上。这些水下航行器虽然体积小，航程有限，但在未来，它们能取代我们所知道的潜艇。

核动力潜艇机敏号是威力特别大的攻击型潜艇。

机敏号发射巡航导弹。

潜艇：深度

水下船舶发展的重大里程碑

德雷贝尔一世

第一艘潜艇是荷兰工程师科尼利厄斯·德雷贝尔发明的。这是一艘封闭的木制划艇，上面覆盖着防水的润滑皮革，并有空气管伸到水面供应氧气。

最大速度：未知

范围：3 小时

1620 最大深度：4.5 米

艇员：16 人

海龟号

第一次有记录的潜艇攻击是在美国独立战争期间由海龟号发动的。它被用来炸毁英国的鹰号母舰，但艇员无法将炸弹附在船体上。

最大速度：5 公里 / 小时

范围：30 分钟

1776 最大深度：未知

艇员：1 人

鹦鹉螺号

美国发明家罗伯特·富尔顿的潜水艇是用手摇螺旋桨驱动的，但可折叠的桅杆和帆提供了推进力。

最大速度：7 公里 / 小时

范围：6 小时

1800 最大深度：7.5 米

艇员：3 人

潜水员号

法国海军的潜水员号由压缩空气驱动发动机，是第一艘不依靠人力推进的潜艇。它有一个撞锤和鱼雷，但发动机问题使这艘潜艇没有通过试验阶段。

最大速度：7.2 公里 / 小时

范围：1 小时

1863 最大深度：10 米

艇员：12 人

荷兰号

爱尔兰工程师约翰·菲利普·霍兰德（John Philip Holland）是第一个使用电动机和 内燃机为水下船只提供动力的人，他的发明被美国海军购买，并影响了许多设计。

最大速度：9.3 公里 / 小时

范围：5 小时

1900 最大深度：23 米

艇员：6 人

美国海军 鹦鹉螺号

第一艘核动力潜艇兼顾了隐形和速度，以彻底改变海战。在美国海军舰长海曼·G. 里科弗的指导下建造的 97 米长的鹦鹉螺号核潜艇成为世界上第一艘从水下穿越北极的潜艇，其服役生涯长达 25 年。

最大速度：54 公里 / 小时

范围：2 周或更长

1954 最大深度：213 米

艇员：116 人

潜艇中的人生

艇员如何在海底数百米处生存

潜艇驾驶员的工作对身体、精神和情感都有要求，因为他们必须在狭窄的环境中生活几个月，只有 100 多名其他艇员和他们在一起。在过去，他们在整个任务期间都不能与外界沟通，但是今天，他们可以通过电子邮件与家里的亲人保持联系。

不过，人体的构造不适合水下生活，因此要让艇员能够适应水下的生活需要一些巧妙的技术和工程。为了保护他们不因水压而受伤，潜艇除了外壳外，还有一个坚固的内壳，流线型的外形也有利于减小水压的影响。

氧气是通过加压罐供应的，也可以通过利用电流将海水分解成氢气和氧气在艇上自给自足。艇员呼出的二氧化碳用洗涤器除去，洗涤器是一种通过化学反应将二氧化碳捕集在碱石灰中的装置。艇上也能生产淡水，因为海水可以加热除去盐，然后水蒸气可以冷却并凝结成可饮用的淡水。

奥古斯塔级潜艇（现已退役）的艇员将潜艇停泊在码头上。

深海救援

如果潜艇受损，可能是由于碰撞或艇上爆炸造成的，那么艇员们将通过无线电发出求救信号，并发射一个浮标，以指示他们的位置。救援将以深潜救生艇（DSRV）的形式进行，这是一种小型潜艇，可以通过卡车、飞机、船只或其他潜水艇运输。一旦它靠近受损的潜艇，深潜救生艇就可以潜下去，用声呐搜索它，然后锁定舱门。当形成密封时，舱门打开，艇员可以 24 人一组转移到深潜救生艇上。

美国海军的神秘号深潜救生艇，附属于“拉霍亚”号核潜艇。

核潜艇是如何工作的

参观一艘现代化的深海潜艇，了解它是如何在深海中航行的。

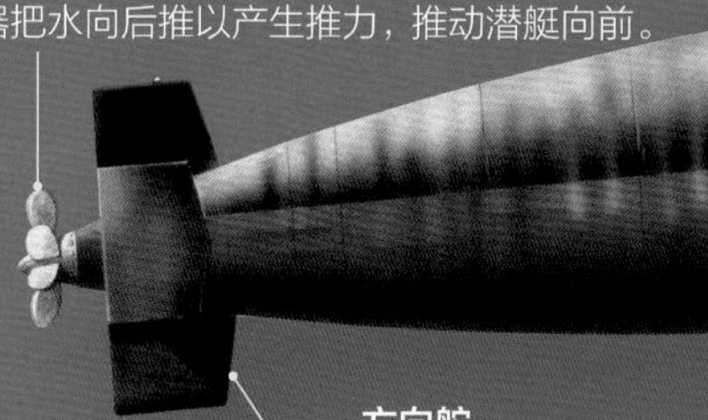

螺旋桨
推进器把水向后推以产生推力，推动潜艇向前。

方向舵
潜艇通过上下、左右操控调整方向舵的位置来偏转水流。

核反应堆
反应堆产生热量来产生蒸汽，蒸汽驱动发动机带动螺旋桨旋转。

导弹发射管
导弹可以通过潜艇顶部的舱口发射，使它们跃出水面并飞向敌方目标。

潜艇是如何下潜的?

通常情况下，潜艇漂浮是因为它所排出的水的体积与潜艇本身的重量相同。为了下沉，潜艇的重量必须大于它所排出的水，从而产生负浮力。这是通过控制压载舱的密度实现的，压载舱位于潜艇内外船体之间。为了保持一个设定的深度，压载舱内的空气和水需要精确地平衡，这样潜艇的密度就等于周围水的密度。

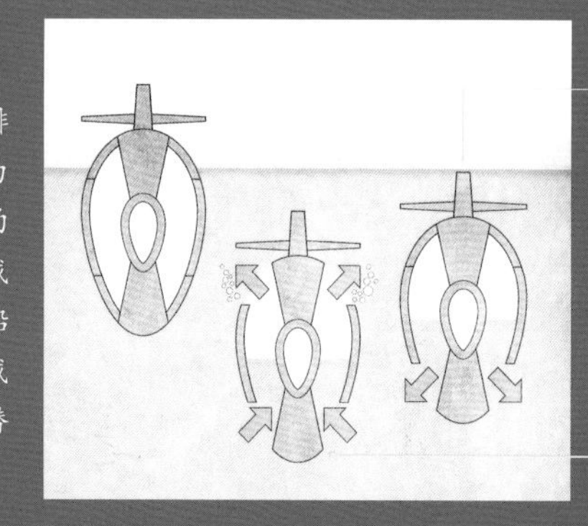

上浮
压载舱内的水被泵排出换成储存在压载舱内的空气，使潜艇更轻，能够浮出水面。

下潜
打开舱门向压载舱注水，使潜艇的重量超过它所排出的水，使其下潜。

伏击号核潜艇返回其母港——苏格兰的克莱德

让艇员能够适应水下的生活需要一些巧妙的技术和工程。

水下航行

几乎没有光线能穿透海平面以下 200 米处，因此潜艇艇员使用其他方法寻找他们的航线。惯性制导系统有助于从固定的起点跟踪潜艇的行程，使用陀螺仪和加速度计测量运动中的变化，但必须定期重新调整以确保潜艇保持在航线上。在水面上，这可以通过使用 GPS、无线电和雷达卫星导航系统来实现，但在水下，只能使用声音导航和测距（声呐）。这有助于艇员根据海底的特征，确定潜艇的位置。

声波
声呐发出声波脉冲，在水中传播。

计算距离
通过测量声波返回声纳所需的时间，可以计算出潜艇与物体之间的距离。

反弹
当声波碰到物体时，它们会反射回声呐。

通气管
当浮出水面时，空气通过通气管进入潜艇，但在水下时，艇上会制造氧气。

天线
水下通信是利用能够穿透水的低频无线电波进行的。

压载舱
压载舱用来作压载物，为潜艇提供稳定性，并通过控制潜艇受到的浮力来工作。

潜望镜
水面以上的物体可以通过一系列反射光线的镜子观察到。

艇员舱
一次下潜大约 100 名潜艇艇员在艇上生活数月，不能浮出水面，在换班期间睡在狭窄的铺位上。

鱼雷舱
鱼雷是通过潜艇侧面的管子发射的，然后在水中向敌方移动。

控制室
导航、通信和武器系统由潜艇的控制室操作。

在康涅狄格州的美国海军潜艇学校学习如何操纵潜艇的新兵。

超声速潜艇

这种水下航行器可以在半天内环球航行。

由于液体产生的阻力比空气大，所以在水中快速移动非常困难。这意味着潜艇需要大量的动力使它们在水中高速推进，而大多数现代超高速潜艇的动力只能使它们的速度达到每小时 75 公里左右。不过，哈尔滨工业大学提出了一种使用超空化技术的新型潜艇概念，可以使潜艇以声速航行。

他们的方法建立在超空泡的基础上，前苏联在 20 世纪 60 年代首次开发了超空泡技术，用于在冷战期间制造高速鱼雷。它的工作原理是在鱼雷周围形成一个超空泡，减少阻力，使其达到更快的速度。前苏联成功地用他们的超空化鱼雷实现了这一目标，这种鱼雷的速度可以达到每小时 370 公里，但它只能行驶几公里，而且不能制导。

超空泡潜艇是一种正在研制中的超声速潜艇，是通过对超空泡现象的研究提出的设想。如果能够实现，潜艇整个艇体被气泡覆盖，不与水直接接触，摩擦阻力就会消失，水的阻力也会大大减小，潜艇的速度可大幅提高。

在水中超声速行驶

超声速潜艇的速度如何达到声速?

普通潜艇

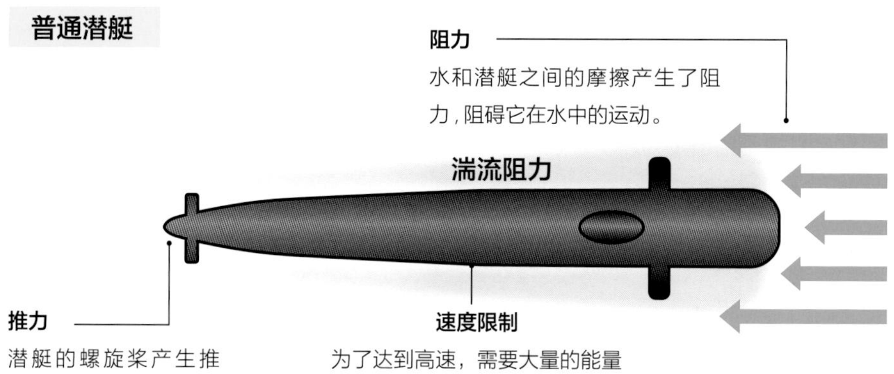

阻力
水和潜艇之间的摩擦产生了阻力，阻碍它在水中的运动。

推力
潜艇的螺旋桨产生推力，推动潜艇潜入水面。

速度限制
为了达到高速，需要大量的能量来产生比阻力大得多的推力。

超空泡潜艇

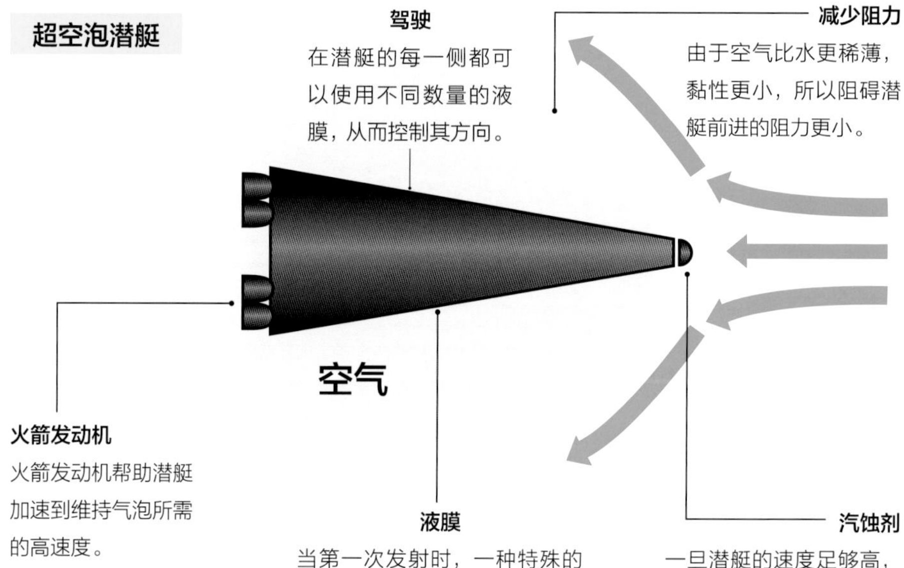

驾驶
在潜艇的每一侧都可以使用不同数量的液膜，从而控制其方向。

减少阻力
由于空气比水更稀薄，黏性更小，所以阻碍潜艇前进的阻力更小。

火箭发动机
火箭发动机帮助潜艇加速到维持气泡所需的高速度。

液膜
当第一次发射时，一种特殊的液体喷洒在潜艇上，以减少阻力，使潜艇达到最高速度。

汽蚀剂
一旦潜艇的速度足够高，空泡发生器就会以足够的力从机头喷出气体，在潜艇周围形成气泡。

超空化鱼雷的空化器。

美国的弓鳍鱼号潜艇已经退役，这是它的鱼雷舱。

你知道吗? 俄罗斯的台风级核潜艇长 172.8 米，水下满载排水量 48000 吨，是世界上最大体积和吨位的潜艇。

无人潜艇 无人潜艇不再需要艇员

保证艇员在海上的生命安全是一项风险和代价昂贵的任务，因此，世界各国海军都在开发无人潜艇（UUV）来为他们做危险的工作。这些水下无人潜艇的一个特殊任务就是扫雷，因为它们可以搜索甚至摧毁水下爆炸物，同时防止附近船只的船员受到伤害。美国海军目前使用伍兹霍尔海洋研究所（WHOI）的远程环境监测装置（REMUS）来实现这一目的，每台装置都能完成 12 名潜水员的工作。

这些无人潜艇不仅可以帮助军队，而且可以与各种摄像机和传感器相匹配，这使得它们对科学研究非常有用。水下无人潜艇可以探测和监测人类难以到达的地方，并收集有关其自然环境中海洋野生动物的信息。例如，伍兹霍尔海洋研究所的 sharkcam 无人潜艇使科学家能够首次观察大白鲨在水下的捕猎行为，发现它们在伏击猎物之前，利用海洋深处的黑暗来避免被猎物发现的特点。

海洋机器人

发现无人潜艇的重要作用

无人船

无人潜艇

无人水下航行器

1

水下搜索

美国海军的海上猎人曾是世界上最大的无人船。它可以一次独自航行三个月，使用它的短程雷达探测柴油动力潜艇。

2

深潜

回声航行者是由波音公司制造的无人潜艇，它可以潜到 3000 米深的地方，是为石油和天然气工业拍摄海底高分辨率图像而开发的，现在也被用于水下情报、监视和侦察任务。

3

长距离航行

伍兹霍尔海洋研究所的喷水滑翔机利用浮力的微小变化，结合机翼的升力，通过水推动自身前进。这意味着它几乎不消耗电力，因此可以一次行驶 3600 公里，在周围环境中长期进行科学测量。

4

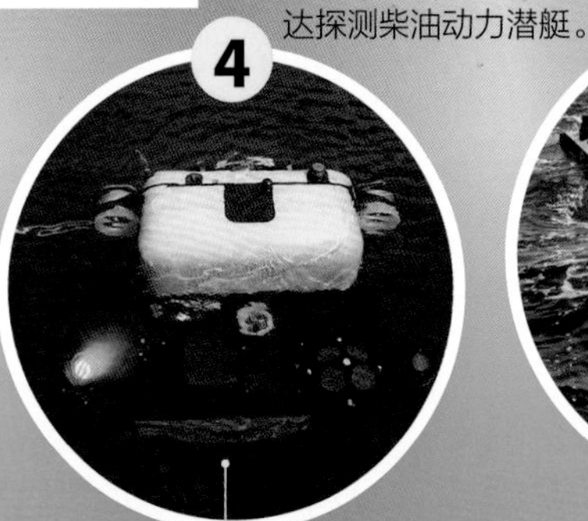

船体检查

美国海军可以悬停的自动式水下航行器能检查船体是否有爆炸装置或损坏。数据由高分辨率成像声纳收集，然后通过光纤实时发送给艇上的操作员。

5

货物交付

普罗特斯号双模式潜艇既可以自主操作，也可以载人操作，因为它可以运送潜水员，也可以在数百公里外运送有效载荷，而无需人工干预。艇内可容纳 6 个人，最高时速 18 公里。

6

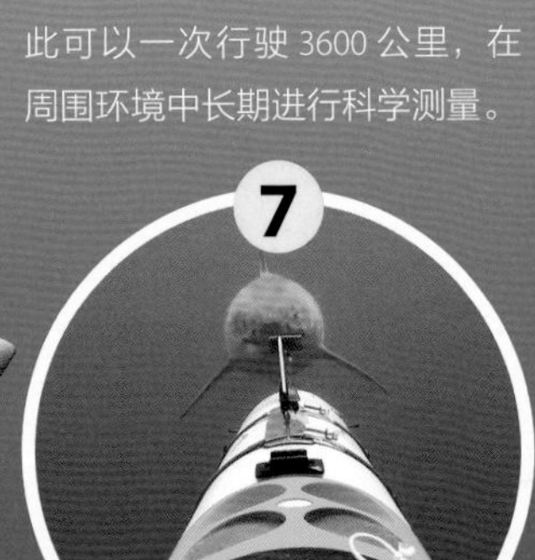

港口保护

受金枪鱼的启发，美国国土安全部开发了 BIOSwimmer 无人水下航行器，用于巡逻港口和检查船只。它有灵活的背部和鳍，可以帮助它操纵方向，即使在恶劣的环境中也可以。

7

动物追踪

世界卫生组织为它的无人水下航行器 REMUS 配备了仪器，使其能够定位、跟踪和拍摄海洋动物。

8

两栖任务

美国罗格斯大学开发的 Naviator 不仅能够在空中飞行，还能在水下游行，是第一架两栖无人机。它可以帮助军方探测和绘制地雷地图，也可以协助海上搜索和救援行动。

9

探雷

瑞典萨博的无人水下航行器 Double Eagle Sarvo 被设计用于游走在船的前面，可以探测、分类和处理附近的地雷。它可以远程操作或自动运行，一旦探测到地雷，它就会发射一个小型武器来摧毁它。

潜艇的未来

未来几年水下航行器会是什么样子?

随着技术的飞速发展，我们很快就会发现潜艇的未来是超声速的、无人驾驶的和隐身的。瑞典萨博（Saab）公司开发的新型超隐身 A26 型潜艇差不多就是这样的，随着沿海岸线的情报收集和监视变得越来越重要，这些高科技潜艇将能够在浅水区作业，并具有真正的整体隐身（幽灵）技术，使它们几乎没有声音，几乎不可能被发现。

A26 型潜艇的项目经理表示："它会更安静，传感器会更先进，可以探测和记录海上的一切活动，而且会有许多新的功能，例如船头的多任务入口，允许托管潜水员和小型载人或无人潜艇。这是一个一流的情报收集平台。"A26 型潜艇可以潜到 200 米深处，搭载 26 名船员。首艘 A26 型潜艇预计 2022 年完工交付。

A26 型潜艇长 62 米，重约 1800 吨。

幽灵潜艇

瑞典海军的新型高科技潜艇将在水中隐形

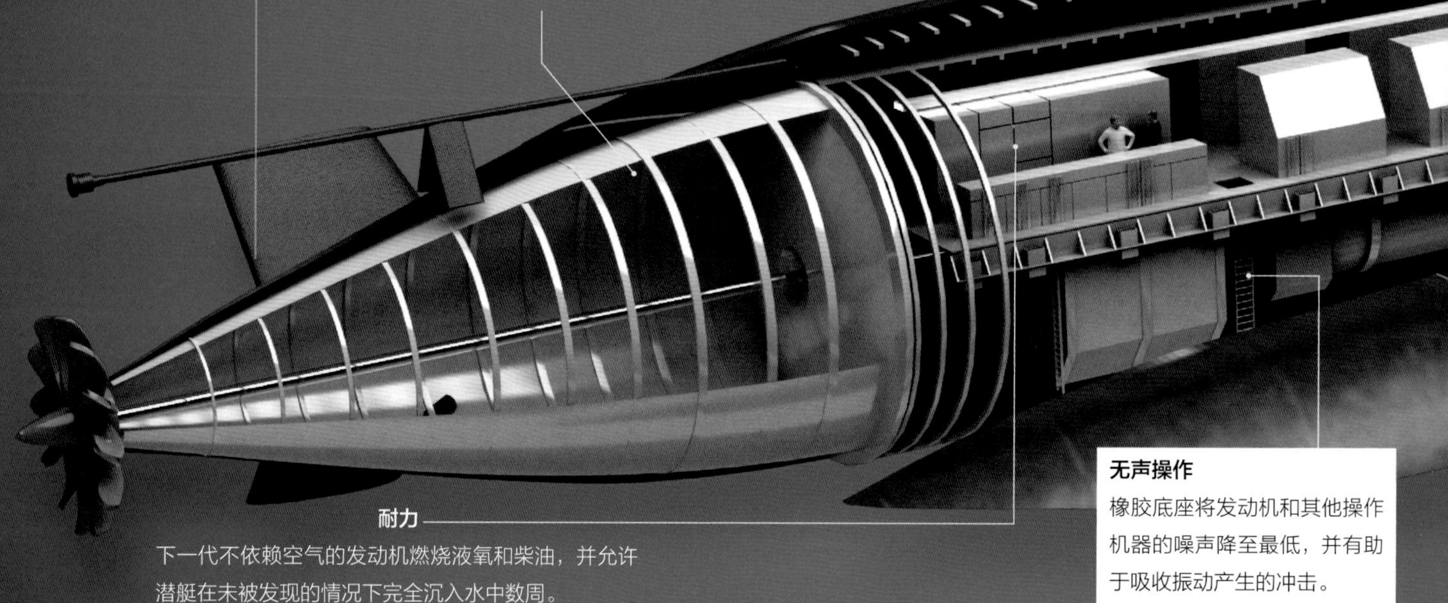

巧妙的涂层
船体被涂上一种可以吸收噪声的材料，使潜艇很难用红外摄像机探测到。

耐力
下一代不依赖空气的发动机燃烧液氧和柴油，并允许潜艇在未被发现的情况下完全沉入水中数周。

无声操作
橡胶底座将发动机和其他操作机器的噪声降至最低，并有助于吸收振动产生的冲击。

你也可以探索海洋

高科技潜艇不仅仅属于世界各国的海军和科学家，Deep Flight 是一种个人水下航行器，几乎任何人都可以用它来探索海洋。超级猎鹰 2 号是一种稍加训练就可以操作的电动艇，潜水深度最大可达 120 米。它可以载两个人，一个驾驶员和一个乘客，而且小到可以放在一艘标准游艇上，所以你可以在世界上任何地方潜水。潜艇可以在海洋野生动物周围安全使用，不管你遇到任何麻烦，它都会自动返回水面。

超级猎鹰 2 号在水下相当于一架飞机，能够飞越海洋。

最长的潜艇任务持续了近 11 个月，艇员们在水下生活了 4700 小时。

A26 型潜艇的最高时速为 22 公里 / 小时，一次可在海上停留 45 天。

侦察

先进的传感器可以改进情报收集，利用机载作战管理系统进行收集和分析。

磁检测

传感器控制流经船体的电流，消除对地球磁场的任何扭曲，这些扭曲会暴露潜艇的位置。

模块化设计

分段船体使潜艇可以很容易地进行定制和升级，使其具有长期的成本效益。

多任务

潜艇可以很容易地为不同的任务定制。例如，潜艇头部可以用来发射和回收潜水员或无人机。

武器

武器管可以发射各种类型的武器。

抗冲击

潜艇由特殊钢材制成，以确保它能承受水下爆炸的强烈冲击。

独特的形状

独特的艇体设计有助于减少水在潜艇周围运动产生的噪声。

潜水员可以有效利用潜艇的头部，出舱执行隐蔽任务。

A26 型潜艇能够承受 -2℃ 的温度。

风帆火箭 2 号的工作原理

为什么这艘帆船能在公海上高速航行？

在水上超高速航行时，动力船通常是最佳选择。然而，有一艘帆船能够单靠风力达到 120 公里 / 小时的惊人速度。它被称为风帆火箭 2 号，是保罗 · 拉森（Paul Larsen）基于 1917 年美国火箭工程师最初的设计构思出来的。

风帆火箭 2 号是飞机和船的空气动力混合体。它巧妙的设计依靠混合的力量来保持稳定，并将风能（正常船只会因为它翻船）转化为额外的速度。

驾驶舱（船身）与帆平行，由水平桅杆连接。帆与水平面呈 30° 角，从驾驶舱伸出弯曲的碳纤维龙骨或铝箔。整艘帆船在水面上有三个水翼。

铝箔是这一设计中真正的天才，它很硬但很薄，有助于在稳定整艘帆船的同时创造最小的阻力。它还可以使用楔形设计来抵消气穴（引起阻力的气泡），从而减少由这种现象引起的水中摩擦。

当帆船的速度达到每小时 92 公里时，浮力被提升的水动力所取代。船上的两个水翼升离水面，船在水翼和水面之间的气穴上滑行。这时铝箔可以使船保持稳定，这使风帆火箭 2 号达到创纪录的速度，所有水翼全部离开水面。

风机火箭 2 号的设计将速度与力量完美地结合在一起。

打破纪录

这艘快速帆船背后的创新设计

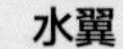

帆

帆超轻但强大，但是不对称的，因为帆船只需要朝一个方向走。像铝箔一样，它倾斜 30° 。底座的水平延伸部分有助于提升和分配压力。

水翼

在水面上支撑船的三个水翼在高速时阻力很小。当船达到高速时，背部和背风面（在帆下面）的水翼将升离水面。

铝箔

设置在与水平面成 30° 角的水中，与水翼平行，铝箔提供了在水中很重要的稳定性。它的龙骨由碳纤维制成，金属箔和帆的作用力使船达到更高的速度。

横梁

横梁使机身、金属箔和帆保持分离，这增加了额外的稳定性，并防止船只倾斜。这可以使所有的能量都集中在速度上。

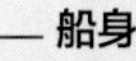

船身

船身和横梁的角度与行驶方向成 20° 角，这样它就可以在高速时指向风明显的方向，从而增加稳定性并减少阻力。

什么是空化？

空化实质上是液体在极高压力下形成气泡（气穴）。当水翼以高于每小时 93 公里的速度穿过水面时，就会发生这种情况。这种现象的原因还不完全清楚，但它会导致海水蒸发，形成强烈的气泡——有点像沸腾。这会导致阻力，并阻止船只加速。打破这个障碍是很难的，因为水翼必须足够小和轻，以使船走得快，但较小的水翼意味着更大的压力变化和更多的空化。为了克服这一点，风帆火箭 2 号的水翼没有采用光滑的机翼状设计，而是采用楔形设计穿透水面，在尾迹中留下一个光滑的空气囊，而不是一团混乱的气泡。

当旋转的螺旋桨划过水面时，叶片处会形成空泡。

你知道吗? 木星的大红斑正在缩小。19 世纪末，它的宽度是 4.1 万公里，但今天它的宽度只有 1.65 万公里。

朱诺号航天器

参观探测器的科学装备

太阳能电池板

有三块太阳能电池板，它们的大小足以在离太阳这么远的地方工作时产生足够的能量。

磁强计

木星拥有所有行星中最大、最强的磁场，磁强计将提供它的地图和测量数据。

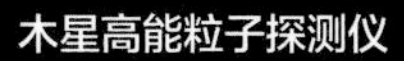

微波辐射计

利用微波，该仪器将探测木星的大气层并寻找水蒸气。

无线电及等离子波探测器

它使用无线电波来测量木星内部的质量分布，并帮助查明它是否有岩核。

木星高能粒子探测仪

木星的磁场捕获了大量高能带电粒子，该仪器能够测量到这些粒子。

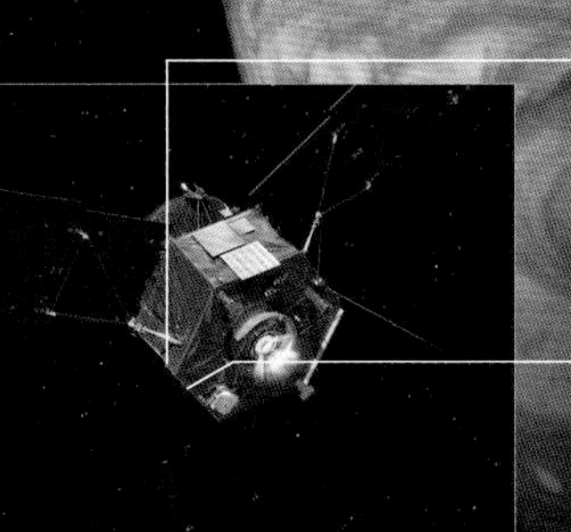

朱诺相机

用这个可见光照相机拍摄图像。在辐射造成无法弥补的损害之前，它只能运行七个轨道。

紫外成像光谱仪

木星明亮的极光在紫外线中发光跟地球上的可见光不一样，但这台仪器能够看到它们。

木星之旅

太阳系行星之王的秘密即将被揭开。

自 2011 年离开地球以来，美国航天局的朱诺号航天器一直以每小时 97000 公里的速度飞向木星。当它于 2016 年 7 月 5 日抵达木星时，已经行驶了 28 亿公里，创下了太阳能探测器飞行过的最远距离的纪录。

木星是太阳系中最大的行星，直径 143000 公里，比地球重 318 倍。它是一颗气态巨行星，也就是说它主要由氢气和氦气组成，它的外观以乳白色、橙色和棕色的条纹而闻名。最大的云型是大红斑，一个巨大的反气旋风暴，它的大小足以容纳我们整个地球！

然而，木星核心深处到底是什么仍然是个谜。它的气体成分无法告诉我们它是怎么形成的？大气中有水吗？云顶下隐藏着什么？朱诺号将试图解开这些谜团，同时也将通过近距离飞越木星的两极，前往以前其他航天器没有去过的地方。在那里，它将能够观察到耀眼的北极光和南极光，并了解它们是如何由磁场产生的。

朱诺号原计划用两年的时间来揭开这颗巨大行星的秘密，但是 2016 年 10 月，朱诺号出现故障，2017 年 2 月，美国国家航空航天局宣布放弃朱诺号。尽管如此，朱诺号还是发回了很多珍贵的照片。

这颗气态巨行星是怎么形成的?

我们的太阳是在 45 亿年前由一团巨大的气体和尘埃云形成的。这些气体和尘埃的残余物围绕着太阳形成了一个旋转的圆盘，很快也形成了许多行星、卫星、彗星和小行星。然而，更多的细节科学家们就不知道了，而这正是朱诺要去调查的。

太阳系诞生的秘密就在木星大气层的旋转云团之下，在其行星核心的深处。关于木星形成的一个设想是，最初的木星是一颗比地球大十倍的巨大岩质行星，由一堆冰状的行星形成。这些冰状行星是由尘埃、岩石和其他物质形成的物体，在引力作用下聚集在一起形成木星。这样就可以清除太阳诞生时遗留下来的大量气体，成为太阳系中最大的气态巨行星。

另一种理论是，木星从未有过岩核，而是像太阳一样由气体凝结而成。通过仔细测量木星的磁场和引力场，朱诺号将能够评估它是否有岩核，并确定哪种情况是正确的。如果木星确实有一个岩核，那么就意味着行星理论是可行的，可以用行星理论来解释木星的形成。

如果我们能把木星切成两半，我们会在气体下面找到一个汽化的岩核吗?

解剖航天服

看看这套不可思议的服装如何让航天员在极端情况下生存。

航天服是航天员的生命保障系统，为他们提供氧气，给他们保暖，并保护他们免受太空真空环境的影响。航天服可以让航天员之间及与控制中心之间保持联系，还能监控他们的健康状况，其密封性也能保证严苛的外部环境不会影响航天员。航天服中最重要的一部分是背包——便携式生命保障系统（PLSS）。它不仅仅是一个氧气包，还能为航天服加压以防止缺氧，排放有害的二氧化碳，并通过向航天服周围加水来冷却航天服。它还装有医疗监视器和通信设备。

便携式生命支持系统是一个闭环系统，所有的东西都是循环使用的。在航天服里，航天员会穿一件紧身的液体冷却通风服，通过出汗来排出体内的热量。氧气、二氧化碳和水蒸气也被送回便携式生命支持系统，二氧化碳通过与氢氧化锂反应被去除，生成碳酸锂和水；水蒸气凝结后被储存在系统中，氧气在航天服内循环，供航天员呼吸。有时，航天服被称为航天员自己的私人航天器。如果航天员在太空行走（也被称为舱外活动）时发现自己飘向太空，那么现代的航天服有一种称为“舱外活动救援简易辅助装置”的装置，它包含小型喷气设备，能帮助航天员飞回空间站。

设计细节

航天服是太空旅行必备的服装，航天服的每个部分都有重要的作用。

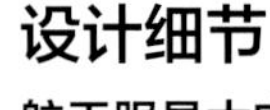

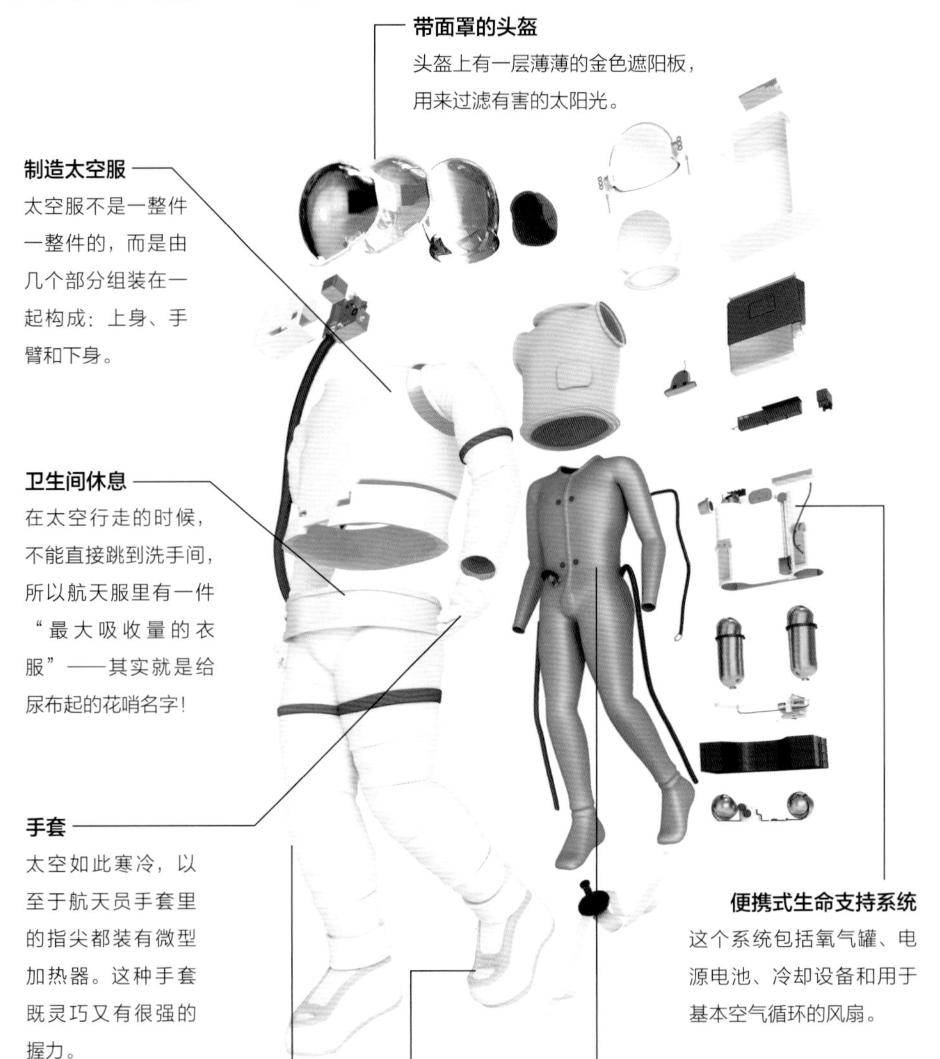

带面罩的头盔

头盔上有一层薄薄的金色遮阳板，用来过滤有害的太阳光。

制造太空服

太空服不是一整件一整件的，而是由几个部分组装在一起构成：上身、手臂和下身。

卫生间休息

在太空行走的时候，不能直接跳到洗手间，所以航天服里有一件“最大吸收量的衣服”——其实就是给尿布起的花哨名字！

手套

太空如此寒冷，以至于航天员手套里的指尖都装有微型加热器。这种手套既灵巧又有很强的握力。

便携式生命支持系统

这个系统包括氧气罐、电源电池、冷却设备和用于基本空气循环的风扇。

灵巧

当航天员在空间站外工作时，航天服必须方便他们进行一系列的活动。

鞋类

现在航天服上的靴子很柔软，不适合行走，只是漂浮着。新设计的靴子要能让航天员可以在月球或火星上行走。

通风服装

这种液体冷却通风服装由紧身的弹性人造纤维制成，穿在航天服的里面。它包含超过 90 米的管道，用于排出和循环身体热量、二氧化碳和汗液。

欧洲航天局的航天员亚历山大·格斯特在德克萨斯州休斯敦的约翰逊航天中心测试他的航天服。

关于太空服的数字

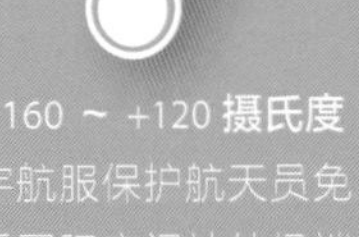

−160 ～ +120 摄氏度
宇航服保护航天员免受国际空间站外极端温度的影响。

1961 年
第一套航天服是宇航员和太空第一人尤里·加加林驾驶东方 1 号进入太空时穿的。

3000 万美元
最新的舱外航天服每件的制造成本为约 3000 万美元。

145 千克
随着生命支持系统的接入，航天服的重量在 145 千克左右。仅衣服就重 55 千克。

19000 米
航天服需要进入超过 19000 米的高空，所以必须能够提供呼吸所需的氧气，并保持身体周围的压力。